精细化学品生产技术专业(群)重点建设教材
国家骨干高职院校项目建设成果
浙江省精细化学品生产技术优势专业项目建设成果

典型精细化学品质量控制分析检测

主　编　林忠华
副主编　李巍巍　周小锋

丛书编委会

总 序

2008年，杭州职业技术学院提出了“重构课堂、联通岗位、双师共育、校企联动”的教改思路，拉开了教学改革的序幕。2010年，学校成功申报为国家骨干高职院校建设单位，倡导课堂教学形态改革与创新，大力推行项目导向、任务驱动、教学做合一的教学模式改革与相应课程建设，与行业企业合作共同开发紧密结合生产实际的优质核心课程和校本教材、活页教材，取得了一定成效。精细化学品生产技术专业(群)是骨干校重点建设专业之一，也是浙江省优势专业建设项目之一。在近几年实施课程建设与教学改革的基础上，组织骨干教师和行业企业技术人员共同编写了与专业课程配套的校本教材，几经试用与修改，现正式编印出版，是学校国家骨干校建设项目和浙江省优势专业建设项目的教研成果之一。

教材是学生学习的主要工具，也是教师教学的主要载体。好的教材能够提纲挈领，举一反三，授人以渔。而工学结合的项目化教材则要求更高，不仅要有广深的理论，更要有鲜活的案例、科学的课题设计以及可行的教学方法与手段。编者们在编写的过程中以自身教学实践为基础，吸取了相关教材的经验并结合时代特征而有所创新，使教材内容与经济社会发展需求的动态相一致。

本套教材在内容取舍上摈弃求全、求系统的传统，在结构序化上，首先明确学习目标，随之是任务描述、任务实施步骤，再是结合任务需要进行知识拓展，体现了知识、技能、素质有机融合的设计思路。

本套教材涉及精细化学品生产技术、生物制药技术、环境监测与治理技术3个专业共9门课程，由浙江大学出版社出版发行。在此，对参与本套教材的编审人员及提供帮助的企业表示衷心的感谢。

限于专业类型、课程性质、教学条件以及编者的经验与能力，难免存在不妥之处，敬请专家、同仁提出宝贵意见。

谢萍华

2014年12月

前 言

《典型精细化学品质量控制分析检测》是高职精细化学品生产技术专业的核心课程，是依据"精细化学品生产技术专业工作任务与职业能力分析"中"产品生产质量检验"主要任务领域而设置。本课程以《无机及分析测试基本技术》和《仪器分析测试技术》课程的学习为基础，同时与《精细化学品生产技术》课程的学习相互支撑与衔接，本门课程的后续课程是《专业顶岗实习》和《毕业实习》。

本课程针对精细化工企业品质控制(QC)岗位的要求，以国家和行业标准为依据，选择浙江省内主要精细化工企业的典型产品的生产质量控制和主要质量指标检验方法为学习重点，以学生为主体，全面实施教、做、学一体化的教学模式。本课程的学习项目是从助剂、油脂、表面活性剂、香精香料、日化产品、胶黏剂、涂料等产品生产质量检验的典型工作任务转化而来的，但并不是企业真实工作任务的简单复制，而是以原辅材料检验、中控分析、成品检验及环境检测等生产环节为重点，将其按国标的规范、组织教学与学习要求对具有技术含量的任务进行修正的结果。课程强调产品生产质量检验工作的整体性设计，构建系统的"应用性知识体系"。以工作任务为中心组织课程内容和课程教学，结合化学检验工高级工职业资格标准的要求，通过本课程的学习使学生掌握典型精细化学品生产质量控制分析检测的基本方法和原理，培养学生对常规精细产品生产的主要质量控制点的质控能力，包括抽样能力、样品预处理能力、样品分析和质量判断能力、相关分析仪器的操作和维护能力。让学生在完成具体项目的过程中构建相关理论知识，发展职业能力。每个检验项目的内容包括典型精细化学品的基本生产工艺流程，检验原理、所需试剂和仪器、检验步骤、结果处理、注意事项等方面。本书适合高等职业教育轻化工专业、精细化工专业的学生作为教材选用，也可作为各企事业单位作为培训教材使用。

本教材由林忠华主编，李巍巍、周小锋副主编。第一章、第二章、第四章由林忠华编写、第三章由林忠华、张海婴编写，第五章由吕路平编写，第六章由李巍巍编写，第七章由林忠华、郑素霞编写，第八章由周小锋、何艺、李巍巍、俞卫平、吕路平、林忠华编写，第九章由张永昭编写。全书由林忠华负责统稿。杭州传化精细化工有限公司品管部赵梅、张海婴提供企业岗位资料、部分教学项目和任务书的确定，相关企业质检部门的专家也给予极大的帮助，在此表示衷心感谢！

由于编者水平有限，不足之处在所难免，恳请读者批评、指正。

编 者

2014年11月

目　录

第一章　绪　论

精细化工是当今化学工业中最具活力的新兴领域之一，是新材料的重要组成部分。精细化工产品种类多、附加值高、用途广、产业关联度大，直接服务于国民经济的诸多行业和高新技术产业的各个领域。大力发展精细化工已成为世界各国调整化学工业结构、提升化学工业产业能级和扩大经济效益的战略重点。精细化工率（精细化工产值占化工总产值的比例）的高低已经成为衡量一个国家或地区化学工业发达程度和化工科技水平高低的重要标志。

第一节　精细化工概述

一、精细化工的定义

精细化工是精细化学工业的简称，化学工业中生产精细化学品的经济领域。精细化学品这个名词，沿用已久，原指产量小、纯度高、组成明确，价格贵的化工产品，如医药、染料、涂料等。近年来，各国专家对精细化学品的定义有了一些新的见解，欧美一些国家把产量小、按不同化学结构进行生产和销售的化学物质，称为精细化学品（fine chemicals）；把产量小、经过加工配制、具有专门功能或最终使用性能的产品，称为专用化学品（specialty chemicals）。中国和日本等则把这两类产品统称为精细化学品。

二、精细化学品分类

精细化工产品的范围十分广泛，如何对精细化工产品进行分类，目前国内外也存在着不同的观点。目前国内外较为统一的分类原则是以产品的功能来进行分类。1987 年，我国原化学工业部对中国的精细化工品颁布了一个暂行规定，将中国的精细化学品分为农药、染料、涂料（包括油漆和油墨）、颜料、试剂和高纯物、信息用化学品（包括感光材料和磁性记录材料）、食品和饲料添加剂、粘合剂、催化剂和各种助剂、化学药品和日用化学品、功能高分子材料等11个大类。其中又将助剂分为印染助剂、塑料助剂、橡胶助剂、水处理化学品、纤维抽丝用油剂、有机抽提剂、高分子聚合物添加剂、表面活性剂、皮革化学品、农药用助剂、油田化学品、机械和冶金用助剂、油品添加剂、炭黑、吸附剂、电子用化学品、造纸用化学品及其他助剂等19个门类。

三、精细化学品的特点

精细化学品的品种繁多，有无机化合物、有机化合物、聚合物以及它们的复合物。但一般都具有如下共同特点：

(1)品种多、更新快，需要不断进行产品的技术开发和应用开发，所以研究开发费用很大，如医药的研究经费，常占药品销售额的8%～10%。这就导致技术垄断性强、销售利润率高。

(2)产品质量稳定，纯度高，复配以后不仅要保证物化指标，而且更注意使用性能，经常需要配备多种检测手段进行各种使用试验。

(3)功能性强，产品质量要求高。

(4)产品的商品性强，用户竞争激烈，研究和生产单位要具有全面的应用技术，为用户提供技术服务。

(5)附加价值高。

(6)技术密集高，要求不断进行新产品的技术开发和应用技术的研究，重视技术服务。

我国十分重视精细化工的发展，把精细化工、特别是新领域精细化工作为化学工业发展的战略重点之一和新材料的重要组成部分，列入多项国家计划中，从政策和资金上予以重点支持。目前，精细化工业已成为我国化学工业中一个重要的独立分支和新的经济效益增长点。提升发展精细化工也是浙江省国民经济和社会发展第十二个五年(2011－2015)规划纲要中提出的制造业转型升级的重点之一。

第二节　课程学习建议

一、关于本课程

精细化工是石油和化学工业的深加工产业，精细化工生产过程与一般化工(通用化工)生产不同，它是由化学合成(或从天然物质中分离提取)、精制加工和商品化等三个部分组成，要求技术密集、资金密集，更要求人才、技术、资金和配套下游产品市场等许多条件，因此，精细化工必须要根据市场变化的需要及时更新产品，做到多品种生产，使产品质量稳定，还要做好应用和技术服务，才能体现出投资省、利润率和附加价值率高的特点。本课程是精细化工专业的一门核心课程，也是该专业无机及分析化学和仪器分析的后续课程，课程内容和操作接近企业岗位的要求，适用于该专业方向的生产技术人员的培养和高级分析检测工的培训。课程以浙江省和杭州地区精细化工行业的主要企业产品为重点，选择了表面活性剂、涂料、粘合剂、助剂（添加剂）和日用化学品的典型产品的生产过程的质量监控和工艺优化的基本步骤作为学习内容，通过学习使学生具备常规样品的抽取能力、样品的预处理能力，以及样品的感官指标、理化指标等规定指标的分析检测和产品的质量判断能力，能按照国家标准规范操作，完成分析检测任务，撰写分析检测报告，对该产品生产过程的工艺条件提出自己的建议，为学生下一步专业顶岗实习打下基础。

二、课程学习建议

本课程教学实施步骤：

（1）组织团队活动。每组 3～4 名学生自愿组织起来，组建学生分析检测小组，有利于提高学生的学习兴趣，减少实训过程中的问题，有利于改善同学之间人际关系，强化团队意识，从而提高团队的工作效率。

（2）指导教师提前一周下达任务，指定实训项目内容。学生以组为单位做好实训前的准备：①查阅资料了解取样和样品检测方法；②填写样品交接单；③开出仪器试剂单和检测方案；④熟悉该项目操作标准和注意事项。组内学生分项目轮换，形成组内循环。

（3）实训前指导教师重点剖析 2～3 个组的方案，解决实训中可能存在的问题。要求实训时逐步从以指导教师讲解指导为主体向以学生为主体转变。实训结束后上交实训报告，经指导教师签字后方可离开实训室。

（4）学习评价采用学生互评和教师检查制。根据每次检查的结果进行总结，并纳入有关的标准、作业指导书、制度和规定之中，以巩固已取得的成绩，同时防止类似问题再发生；

（5）实训时数与准备。①实训时间的延长可与理论教学的学时数适当调整；②按照正常上课时间可提早 1 小时进行实训准备，但需提前通知实训管理部门；③个别实训项目为提高设备和场地使用率，经实训室批准可适当调整先后次序。

第二章　典型精细化学品的质量控制与取样

第一节　产品的质量控制的概述

质量控制是质量管理的一部分，是为了确保生产出来的产品满足要求的程序。质量控制包括根据质量要求制定标准、测量结果，判定是否达到了预期要求，对质量问题采取措施进行补救，防止类似问题再发生的过程。在进行质量控制时，需要对需要控制的过程、质量检测点、检测人员、测量类型和数量等几个方面进行决策，这些决策完成后就构成了一个完整的质量控制系统。通常质量管理工作都必须从过程本身开始。在进行质量控制前，必须分析生产某种产品或服务的相关过程。一个大的过程可能包括许多小的过程，采用流程图分析方法对这些过程进行描述和分解，以确定影响产品或服务质量的关键环节。在确定需要控制的每一个过程后，就要找到每一个过程中需要测量或测试的关键点(又称质量检测点)。一个过程的检测点可能很多，但每一项检测都会增加产品或服务的成本，所以要在最容易出现质量问题的地方进行检验。典型的检测点包括：(1)生产前的外购原材料或服务检验。为了保证生产过程的顺利进行，首先要通过检验保证原材料或服务的质量(如果供应商具有质量认证证书，此检验可以免除)。(2)生产过程中产品检验：大部分精细化学品的生产中检验是在不可逆的操作过程之前或高附加值操作之前。因为这些操作一旦进行，将严重影响质量并造成较大的损失。生产中的检验还能判断过程是否处于受控状态，若检验结果表明质量波动较大，就需要及时采取措施纠正。(3)生产后的成品检验。为了在交付顾客前修正产品的缺陷，需要在产品入库或发送前进行检验。本教材描述的是典型化学品生产过程中部分质量检测点的理化检测方法，从分析检测结果中得到优化生产条件、提高产品质量的基础信息。

第二节　产品的抽样和评判

一、抽样依据与方式

取样的基本原则是随机性原则，所谓随机性原则，是指在进行抽样时，总体中每一个体是否被抽选的概率(即可能性)是完全均等的。由于随机抽样使每个个体有同等机会被抽取,因而有相当大的可能使样本保持和总体有相同的结构。从2013年2月15日起,我国采用"GB/T 2828.1—2012 计数抽样检验程序"代替了"GB/T 2828.1—2003 计数抽样检验程序"。严格实施该标准,具有最大的可能使总体的某些特征在样本中得以表现,从而保证由样本推论总体。

实例1:某企业样品抽样的制度

1.抽样的前期准备

(1)根据样品的抽样计划,拟定本次抽样的区域,单位、品种、批数及每批抽样量的计划,准备抽样用封签和《抽样记录及凭证》。(2)准备必要的开箱工具及开箱后重新包封后用的材料和标记。(3)准备必要的抽样工具及盛样器具。凡直接接触样品的取样工具和盛样器具应当洁净、干燥。必要时作灭菌处理。

2.抽样的步骤

(1)检查样品所处环境是否符合要求,确定抽样批,检查该批样品内、外包装情况,标签上的样品名称,批准文号、批号、生产企业名称等字样是否清晰,标准和说明书是否符合国家或省、自治区、直辖市监督管理局所核准的内容,核实被抽取样品的库存量。(2)确定抽样量。(3)检查样品的外观情况,如无异常,进行下一步骤;如发现异常情况(如破损、受潮、受污染混有其他品种、批号,或者有掺假、假冒迹象等)应针对性抽样。(4)用适当方法拆开样品包装,观察样品内容物的情况,如无异常,进行下一步骤;如发现异常情况,应针对性抽样。(5)用适宜取样工具抽取样品,进而制作最终样品,分为三份,分别装入盛样器具并签封。(6)将被拆包的抽样品重新包封,贴上已被抽样的标记。(7)填写《抽样记录及凭证》。

3.样品的处理及运送

(1)样品的标记。①抽样过程中应对所抽样品进行及时、准确的标记;抽样结束后,应有抽样人写出完整的抽样报告,使样品尽可能保持在原有条件下迅速发送到实验室。②所有盛样容器必须有和样品一致的标记。在标记上应记明产品标志与号码和样品顺序号以及其他需要说明的情况。标记应牢固,具防水性,字迹不会被擦掉或脱色。③当样品需要托运或由非专职抽样人员运送时,必须封识样品容器。(2)样品的保存和运送(尽最大可能地保持其原有的状态和特性,尽量减少其离开总体以后的变化)。

实例2:化妆品取样与样品的保存

1.常规检验项目

常规检验项目是指每批化妆品应对感官、理化指标、净含量、包装外观要求和卫生指标中的菌落总数进行检验的项目。

2. 非常规检验项目

非常规检验项目是指每批化妆品对卫生指标中除菌落总数以外的其他指标进行检验的项目。

3. 适当处理

适当处理指在不破坏销售包装的前提下,从整批化妆品中剔除个别不符合包装外观要求的挑拣过程。

4. 单位产品

单位产品指单件化妆品,以瓶、支、袋、盒为基本单位。

化妆品出厂前应由生产企业的检验人员按化妆品产品标准的要求逐批进行检验,符合标准方可出厂。收货方允许以同一日期、品种、规格的交货量为批,按化妆品产品标准的要求进行检验。化妆品产品的取样过程应尽可能顾及样品的代表性和均匀性,以便分析结果能正确反映化妆品的质量。

取样方式按照样品存在形态分别采用不同方式:

(1)液体样品主要是指油溶液、醇溶液、水溶液组成的化妆水、润肤液等。打开前应剧烈振摇容器,取出待分析样品后封闭容器。

(2)半流体样品:主要是指霜、蜜、凝胶类产品。细颈容器内的样品取样时,应弃去至少 1cm 最初移出样品,挤出所需样品量,立刻封闭容器。广口容器内的样品取样时,应刮弃表面层,取出所需样品后立刻封闭容器。

(3)固体样品:主要是指粉蜜、粉饼、口红等。其中,粉蜜类样品在打开前应猛烈地振摇,移去测试部分。粉饼和口红类样品应刮弃表面层后取样。

(4)其他剂型样品可根据取样原则采用适当的方法进行取样。

在化妆品微生物检测中,要求化妆品工艺条件、品种、生产日期相同的产品为一批。收货方也可按一次交货产品为一批。

二、抽样要求与评判规则

(一)抽样要求

(1)交收检测抽样——包装外观检测项目的抽样按 GB/T 2828.1—2012 的二次抽样方案抽样。其中不合格(缺陷)分类检查水平(IL)、合格质量水平(AQL)见国标的相关规定。感官理化指标和卫生指标检测的抽样,按检测项目随机抽取相应的样本,作各项感官理化指标和卫生指标的检测。质量(容量)指标检验,随机抽取 10 份单位样本,按相应的产品标准试验方法,称取其平均值。(2)型式检测抽样——型式检测中的常规检测项目以交收检测结果为依据,不再重复抽样。型式检测的非常规检测项目可从任一批产品中抽取 2～3 单位样品,按产品标准规定的方法检测。

（二）判定规则

（1）交收检测判定规则——当卫生指标不符合相应标准时，该批产品即判为不合格批，不得出厂。当感官理化指标中任一项不符合相应的产品标准时，允许对该项目指标进行复验，由供需双方共同抽样，若仍不合格，则判该批产品为不合格批，不得出厂。当质量（容量）指标不符合相应的产品标准时，允许进行加倍复验，仍不合格时，该批产品判为不合格批。（2）型式检测判定规则——型式检测中常规检测项目的判定与交收检测判定规则相同。型式检测中的非常规检验项目中有一项不符合产品标准规定时，即判整批产品为不合格。（3）仲裁检测——当供需双方对产品质量发生争议时，由双方共同按本标准进行抽样检测，或委托上级质监站进行仲裁检测。

（三）转移规则

（1）除非另有规定，从检查开始时应使用正常检查。（2）从正常检查到加严检查。当正常检查时，若在连续 5 批中有 2 批经初次检查（不包括再次提交检查批）不合格，则从下一批转到加严检查。（3）从加严检查到正常检查。当进行加严检查时，若连续 5 批经初次检查（不包括再次提交检查批）合格，则从下一批检查转入正常检查。

（四）检查的停止和恢复

加严检查开始后，若不合格批数（不包括再次提交检查批）累计到 5 批，则暂时停止产品交收检查。暂停检查后，若生产方确实采取了措施，使提交检查批达到或超过标准要求，则经主管部门同意后，可恢复检查。一般从加严检查开始。

（五）检查后处置

质量（容量）不合格批和 B 类不合格批，允许生产，一经适当处理后再次提交检查。再次提交按加严抽样方案进行检查。C 类不合格批，生产方经适当处理后再次提交检查，按加严抽样方案进行检查或由供需双方协商处理。

第三节　样品的预处理

一、样品预处理的目的

在对样品进行理化分析过程中，因为样品本身含有对分析测定产生干扰的成分，所以在分析测定之前要对样品进行预处理。样品预处理应达到以下目的：①浓缩被测组分，提高测定的精密度和准确度；②消除共存组分对测定的干扰；③通过生成衍生物等转化处理，提高被测组分的响应值；④样品更易保存和运输；⑤去除有害成分，保护仪器、延长其使用寿命。目前，样品预处理方法种类繁多，但没有一种适合所有的不同样品或不同被测组分。即使同一被测物，如果样品所处环境不同，也需采用不同的预处理方式。因此要根据实际情况，统筹兼顾，从众多的方法中选出切实可行的预处理方法。合理选择样品预处理的方法，原则评价如下：①有效去除干扰测定的组分；②被测组分的回收率高；③操作简便、省时；④避免使用贵重试剂和仪器，成本低；⑤避免对人体健康和生态环境产生影响。

二、常用的预处理技术

在样品的预处理技术中，分离与富集在卫生理化检验中是十分重要的环节。分离是将样品中的待测组分与其他共存组分分开，富集则是用适当的方法使待测组分聚集、浓缩，提高其在分析样品中的相对含量。卫生理化检验涉及的精细化学品成分复杂，共存干扰组分较多，在分析测定前一般都要进行预处理。根据被测物的理化性质以及样品的特点。常用下列几种方法。

（一）消化法

消化是指分解过程，在分析化学中一般指分解和氧化。消化产物是易于溶解的单质或氧化物，因此消化处理主要用于元素分析。经典的样品消化技术分为干灰化法和湿消化法两大类。

1. 干灰化法

干灰化法是常用的无机化处理方法，用于破坏食品、土壤、生物材料和水样中的有机物。特点是方法简便、加入试剂种类少、有利于降低空白值。

(1)高温分解法

①常压高温分解法：将经粉碎或匀浆的样品 1～10g 置于铂、镍、银或瓷坩埚中，先在 100～150℃下干燥并炭化，再置于高温电炉中于 450～500℃灼烧至样品灰分呈白色或浅灰色，经溶解、定容供分析测定。样品的干灰化一般不需添加试剂。为了促进样品分解或抑制样品挥发损失，可在样品中加入助灰化剂。使用时，一定要注意助灰化剂的纯度，避免将杂质引入样品中。②高压干灰化法：通常在氧弹中进行。氧弹外壳为不锈钢，能耐高压。对某些特殊组分（如氟）的测定，要求用铂衬里，以免腐蚀设备、沾染试样。氧弹高压干灰化操作：将固体样品研成粉末、压片，置于瓷、铂或石英试样环中，挂于弹盖下的挂钩。如样品氧化反应缓慢，可加入助燃剂（如硝酸铵）；如样品氧化反应剧烈，则加入石英粉等惰性稀释剂，加盖，并旋上套环，充入氧气至所需压力（2500～4000kPa，25.5～40.8 标准大气压），通电使铂丝点燃试样片，燃烧产物由事先装入氧弹中的吸收液吸收。③氧瓶燃烧法：对于含易于挥发组分如汞、硒、砷和氟、氯、溴、碘等非金属元素样品的处理，氧瓶燃烧法

可有效地消化样品并避免挥发损失。样品0.1～0.5g用无灰滤纸包好，夹在氧瓶磨口塞的铂丝上，在氧瓶中充入氧气和吸收液，点燃滤纸，迅速塞紧瓶塞，让其燃烧灰化，振荡瓶子使燃烧产物溶解于吸收液中。

(2)低温灰化法

低温灰化法是利用低温等离子发生装置，在较低温度下使样品氧化分解。在高频电场(约13MHz)振荡下，氧形成氧等离子体。氧等离子体具有极强的氧化能力，可使大部分有机样品在较低温度(100℃)下迅速灰化。其优点是灰化温度低、有机物能快速分解，灰化趋于彻底，减少了待测组分的挥发和吸留损失。由于炭粒残存量少，可降低炭的吸附损失、提高回收率。该法无需外加试剂，空白值低，操作方便，节约时间，是较理想的样品灰化方法。

2.湿消化法

湿法消化利用适当的酸、碱与氧化剂、催化剂一起与样品煮沸，将其中的有机物分解为CO_2和H_2O而被除去，以各种方式存在的金属组分被氧化为高价态的离子。

(1)硝酸一硫酸消化法

这种混合消化液可用于多种生物样品和混浊污水的处理，但不宜用于消化含有碱土金属的样品。常用硫酸、硝酸的比例为2∶5。操作时，先将硝酸与样品混合，加热蒸发至较小体积，再补加硝酸、硫酸加热至白烟冒尽，继续消化直至溶液无色透明，冷却后用水稀释。若有残渣，应进行过滤或加热溶解。

(2)硝酸一高氯酸消化法

这种混合酸适用于消化含有难以氧化有机物的样品。因高氯酸的沸点较高，两种氧化剂足以破坏所有难以氧化的有机物。必须注意高氯酸与羟基化合物可生成不稳定的高氯酸酯而产生爆炸。为避免危险，应先加入硝酸将羟基化合物氧化并冷却后，再加混合酸进行消化。

(3)硫酸一硝酸一高氯酸消化法

除了含有挥发性元素以外的所有含金属毒物的生物样品均可用此法消化。用这种混合酸消化时，因硝酸沸点较低，样品中大量有机物先与硝酸反应。随着硝酸的挥发，样品中大部分有机物被除去，剩下难以氧化的有机物能被高氯酸破坏。由于硫酸沸点很高，可留在反应器瓶内不被蒸干而有效防止高氯酸的爆炸。可根据不同的样品和消化目的来选择其他行之有效的消化方法。经典样品预处理方法的缺点：劳动强度大、处理周期长，样品易损失、重现性差(误差大)，试剂消耗大、环境污染较大，已较少使用。

(二)挥发法和蒸馏法

挥发法和蒸馏法是将被分离组分转变成气体而与其他共存组分分离的一类方法，主要用于分离非金属、有机物和少数金属组分。

1.挥发法

在一定条件下待测组分生成挥发性组分，从试样中逸出而得到分离。所生成的挥发性组分被载气带出,也可以由适当的溶液吸收或直接加热蒸出。挥发法一般结合样品的分解进行。多数情况下是将有关组分转化成挥发性的氢化物、卤化物或螯合物。

2. 蒸馏法

蒸馏法分离本质上与挥发法一样,有常压蒸馏、减压蒸馏和水蒸气蒸馏法。其优点是降低和避免沾污,但是处理耗时较长。

(三)溶剂提取法

利用物质在两种互不混溶的溶剂中的分配情况不同而进行分离的方法,又称为液一液萃取法。一般情况下,两种溶剂为水和有机溶剂。溶剂萃取基本原理:①直接萃取法。样品中的农药用正己烷等有机溶剂进行萃取,共存的其他有机物、色素与蜡质被一起萃取,再用乙腈或其他亲水性有机溶剂进行反萃取,农药进入乙腈而与其他组分分离。②螯合物萃取法许多重金属离子与二硫腙形成螯合物后可被三氯甲烷、四氯化碳等有机溶剂萃取。③离子缔合物萃取法。在水溶液中,一些含氧酸根如 WO_4^{2-}、VO_3^-、ReO_4^- 与碱性染料甲基紫阳离子生成疏水性的离子缔合物,可被苯或甲苯萃取。有机配体与金属离子形成配位阳离子,可与阴离子形成疏水性的离子缔合物而被分离。

(四)固相萃取法

固相萃取法的基本原理是基于液相色谱分离原理的一种快速有效的样品预处理技术。将样品溶液通过预先填充固定相填料的柱子,待测成分通过吸附、分配等形式被截留,然后用适当的溶剂洗脱,便达到分离、净化和富集的目的。

(五)其他预处理技术

1. 微波溶样技术

20 世纪 80 年代后期开始应用并得到快速发展。其特点为:①快速,一般只要 3～4min 可将样品彻底分解;②密闭,可避免损失和污染;③节能。

2. 超临界流体萃取

超临界流体是介于气液之间的一类既非气态又非液态的物质,这种物态只能在温度和压力超过临界点时才能存在。超临界流体密度较大,与液体相近,故用作溶剂时分子相互作用力很强,并与多数液态溶剂一样,很容易溶解其他物质;超临界流体的粘度较小,与气态接近,所以传质速度很快;此外,超临界流体表面张力小,很容易渗透固体颗粒并保持较快的流速。超临界流体萃取与普通液一液萃取或液一固萃取相似,也是在两相之间进行的一种萃取方法。不同之处在于后者萃取剂为液体,前者萃取剂为超临界流体。超临界流体特殊的物理性质决定其作为萃取剂具有高效、快速、相对经济等优点。超临界流体萃取与分析仪器联用十分有效。

第三章　助剂的检验

第一节　助剂概述

助剂(auxiliaries; additives)在医学中的定义是生产药品和调配处方时所用的赋形剂和附加剂,即除了主要药物活性成分以外一切物料的总称,是药物制剂的重要组成成分。在工业生产中,是指为改善生产过程、提高产品质量和产量,或者为赋予产品某种特有的应用性能所添加的辅助化学品,又称添加剂。但作为产品基体的重要成分,对产品形态、结构、性能产生重大影响的大剂量补加物,一般不划入助剂的范畴。

纺织助剂是纺织品生产加工过程中必需的化学品。纺织助剂对提高纺织品的产品质量和附加价值具有不可或缺的重要作用,它不仅能赋予纺织品各种特殊功能和风格,如柔软、防皱、防缩、防水、抗菌、抗静电、阻燃等,还可以改进染整工艺,起到节约能源和降低加工成本的作用。纺织助剂对提升纺织工业的整体水平以及在纺织产业链中的作用是至关重要的。

纺织助剂产品约80%是以表面活性剂为原料,约20%是功能性助剂。经过半个多世纪的发展,全世界的表面活性剂工业已趋成熟。近年来,纺织工业生产中心由于众所周知的原因已从传统的欧洲、美国逐步向亚洲转移,使得亚洲地区的纺织助剂需求量快速增长。

目前全世界纺织助剂有近100个门类,生产近1.6万个品种,年产量约410万吨。其中欧美纺织助剂品种48个门类,8000多个品种;日本有5500个品种。据报道,2004年世界纺织助剂市场销售额就已达到170亿美元,远远超过了当年的染料市场的销售额。

我国能够生产的纺织助剂品种近2000个,经常生产的品种有800余个,主要品种有200个左右。2006年我国纺织助剂产量超过150万吨,行业产值400亿元,也超过了我国染料行业的产值。

我国纺织助剂生产厂家约2000家,以民营企业居多(合资和独资企业占8%~10%),主要集中在广东、浙江、江苏、福建、上海、山东等省市。我国生产的纺织助剂可满足国内纺织市场需求的75%～80%，国产纺织助剂产量的40%出口到国外。但国产纺织助剂在品种和质量以及在合成和应用技术方面与国际先进水平相比还有较大差距，专用和高档纺织助剂尚不得不依赖进口。

纺织助剂与纤维产量之比世界平均水平为7∶100，美国、德国、英国以及日本等工业发达国家为15∶100，我国为4∶100。据报道，世界纺织助剂的环保型助剂约占二分之一，我国环保型纺织助剂约占现有纺织助剂的三分之一。

目前纺织业特别是染整行业已被国家主管部门确定为重污染行业。纺织助剂在生产制造及其应用过程中对环境和生态带来的影响和造成的污染问题不容忽视，亟待解决。另一方面，大力开发符合生态发展的环保纺织助剂，对提高助剂行业的整体竞争力，提升纺织助剂产品质量和技术水平极为重要，是行业可持续发展的关键。纺织助剂产品不仅要满足国内染整行业的市场需求，还要达到纺织品出口的各项质量标准。

第二节　硫代硫酸钠标准溶液的配制和标定

一、项目来源和任务书

项目来源和任务书详见表3-1。

表3-1　硫代硫酸钠标准溶液的配制和标定项目任务书

工作任务	配制和标定硫代硫酸钠标准溶液
项目情景	某生产企业对一批涂层剂产品残留单体进行测试，需配制和标定0.1mol/L硫代硫酸钠标准溶液
任务描述	配制和标定0.1mol/L硫代硫酸钠标准溶液
目标要求	(1)能按要求独立设计报告，并形成规范电子文稿； (2)能独立完成配制和标定0.1mol/L硫代硫酸钠标准溶液基本操作； (3)能确定试验条件，定性和定量分析； (4)能对测定数据进行正确记录和处理
任务依据	GB/T 601－2002化学试剂标准滴定溶液的制备
学生角色	企业检验科室人员

二、相关标准解读

(GB/T 601－2002)化学试剂标准滴定溶液的制备

本标准规定了化学试剂标准滴定溶液的配制和标定方法。本标准适用于制备准确浓度的标准滴定溶液，以供滴定法测定化学试剂的纯度及杂质含量，也可供其他行业选用。

1. 原理

重铬酸钾基准物加过量碘化钾和硫酸生成碘，稀释后立即用浓度为 $c(Na_2S_2O_3)=0.1mol/L$ 的硫代硫酸钠标准滴定溶液滴定，近终点时，加淀粉指示液，继续滴定至溶液由蓝色变为亮绿色。

$$Cr_2O_7^{2-}+6I^-(\text{过量})+14H^+ = 2Cr^{3+}+3I_2+7H_2O$$

$$I_2+2S_2O_3^{2-} = 2I^-+S_4O_6^{2-}$$

2. 仪器

电子天平(精确到 0.0001g)；500mL 碘量瓶；50mL 滴定管。

3. 试剂与溶液

(1)碘化钾。

(2)重铬酸钾基准物。

(3)0.1mol/L 硫代硫酸钠标准滴定溶液。

(4)10g/L 淀粉指示液。

(5)20%的硫酸溶液。

4. 操作程序

(1)称取 26g 五水硫代硫酸钠，加 0.2g 无水碳酸钠，溶于 1000mL 水中，煮沸 10min，冷却。放置两周后过滤。

(2)用天平称取 0.18g 重铬酸钾基准物，精确至 0.0001g，置于 500mL 碘量瓶中，加 25mL 水溶解，加 2g 碘化钾及 20mL 浓度为 20%的硫酸溶液，水封碘量瓶，摇匀，于暗处放置 10min，取出用水冲洗瓶塞和瓶口，加 150mL 水(最好水温 15～20℃)。立即用浓度为 $c(Na_2S_2O_3)=0.1mol/L$ 的硫代硫酸钠标准滴定溶液滴定，近终点时，加 2mL(10g/L)淀粉指示液，继续滴定至溶液由蓝色变为亮绿色。进行平行测定，同时做空白试验。并进行滴定管体积校正和溶液温度的体积校正。

5. 结果表示

硫代硫酸钠标准滴定溶液浓度[$c(Na_2S_2O_3)$]数值以(mol/L)表示，按式(3-1)计算：

$$c(Na_2S_2O_3)=\frac{m\times1000}{(V-V_0)\times49.03} \tag{3-1}$$

式中：c—硫代硫酸钠标准滴定溶液浓度的准确数值，单位为摩尔每升(mol/L)；

V—测定试样消耗硫代硫酸钠标准滴定溶液体积的准确数值，单位为毫升(mL)；

V_0—空白试验消耗硫代硫酸钠标准滴定溶液体积的准确数值，单位为毫升(mL)；

m—试样质量的准确数值，单位为克(g)；

49.03—基本单元为[$m(1/6K_2Cr_2O_7)$]的重铬酸钾的摩尔质量，单位为克每摩尔(g/mol)。

三、原始记录和检验报告

（一）原始记录

以小组为单位，自行设计原始记录和报告格式。原始记录可参考表3-2。

表3-2　硫代硫酸钠标准滴定溶液浓度的测定记录

内容＼次数		1	2	3
称量瓶和基准物的质量（第一次读数）（g）				
称量瓶和基准物的质量（第二次读数）（g）				
基准物的质量 m（g）				
试样试验	滴定消耗 $Na_2S_2O_3$ 溶液体积（mL）			
	滴定管校正值（mL）			
	溶液温度补正值（mL/L）			
	消耗 $Na_2S_2O_3$ 溶液的体积（mL）			
空白试验	滴定消耗 $Na_2S_2O_3$ 溶液体积（mL）			
	滴定管校正值（mL）			
	溶液温度补正值（mL/L）			
	消耗 $Na_2S_2O_3$ 溶液的体积（mL）			
$Na_2S_2O_3$ 溶液的浓度（mol/L）				
$Na_2S_2O_3$ 溶液的浓度平均值（mol/L）				
平行测定的相对极差（%）				

（二）检验报告

检验报告的设计范例如表3-3所示。

表3-3　××检测中心检测报告

样品名称		样品编号	
生产单位		样品商标	
委托单位			
受检单位			
样品批号		采（收）样方式	
生产日期		样品规格/包装	
样品状态		样品数量	
检测项目			
收样日期		检测日期	
检测依据			
检测结论			

续表

检测结果					
样号	样品名称	检测项目	技术要求	检验结果	单项结论

以下空白

编制人：	审核人：	批准人：

批准日期：____年____月____日

四、相关知识技能要点

(1)规范、正确使用碘量瓶等相关仪器。

(2)能正确完成硫代硫酸钠标准滴定溶液的配制和标定的基本操作。

(3)检验报告的设计与书写。

(4)碘量瓶使用注意事项。

(5)硫代硫酸钠标准滴定溶液的配制和标定的原理。

五、观察与思考

(1)为防止碘挥发，本实验中采取了哪些措施？

(2)硫代硫酸钠标准滴定溶液标定的方法有哪些？

六、参考资料

(1)GB/T 601－2002 化学试剂标准滴定溶液的制备

(2)关于硫代硫酸钠标准滴定溶液的配制和标定

$Na_2S_2O_3 \cdot 5H_2O$ 一般都含有少量杂质，如 S、Na_2SO_3、Na_2SO_4、Na_2CO_3 及 NaCl 等，同时还容易风化和潮解，因此不能直接配制成准确浓度的溶液，只能是配制成近似浓度的溶液，然后再标定。

$Na_2S_2O_3$ 溶液易受空气微生物等的作用而分解。

①与溶解的 CO_2 的作用：$Na_2S_2O_3$ 在中性或碱性滴液中较稳定，当 $pH<4.6$ 时，溶液含有的 CO_2 将其分解：

$$Na_2S_2O_3+H_2CO_3 = NaHSO_3+NaHCO_3+S\downarrow$$

此分解作用一般发生在溶液配制后的最初十天内。由于分解后一分子 $Na_2S_2O_3$ 变成了一个分子的 $NaHSO_3$，一分子 $Na_2S_2O_3$ 和一个碘原子作用，而一个分子 $NaHSO_3$ 能和二个碘原子作用，因此从反应能力看溶液浓度增加了(以后由于空气的氧化作用浓度又慢慢减少)。在 pH9～10 间硫代硫酸盐溶液最为稳定,如在 $Na_2S_2O_3$ 溶液中加入少量 Na_2CO_3 时,很有好处。

②空气的氧化作用:使 $Na_2S_2O_3$ 的浓度降低,其反应式为:

$$2Na_2S_2O_3 + O_2 \longleftarrow 2Na_2SO_4 + 2S\downarrow$$

微生物的作用是使 $Na_2S_2O_3$ 分解的主要因素。为了减少溶解在水中的 CO_2 和杀死水中的微生物,应用新煮沸后冷却的蒸馏水配制溶液并加入少量的 Na_2CO_3,使其浓度约为 0.02%,以防止 $Na_2S_2O_3$ 分解。

日光能促使 $Na_2S_2O_3$ 溶液分解,所以 $Na_2S_2O_3$ 溶液应贮于棕色瓶中,放置暗处,经 7～14 天后再标定。长期使用时,应定期标定,一般是两个月标定一次。

标定 $Na_2S_2O_3$ 溶液的方法,经常选用 KIO_3,$KBrO_3$,或 $K_2Cr_2O_7$ 等氧化剂作为基准物,定量地将 I^- 氧化为 I_2,再按碘量法用 $Na_2S_2O_3$ 溶液滴定。

上述反应分两步进行:

第一步反应:

$$Cr_2O_7^{2-} + 6I^- + 14H^+ = 2Cr^{3+} + 3I_2 + 7H_2O$$

反应后产生定量的 I_2,加水稀释后用硫代硫酸钠标准溶液滴定。

第二步反应:

$$2Na_2S_2O_3 + I_2 = Na_2S_4O_6 + 2NaI$$

以淀粉为指示剂,当溶液变为亮绿色即为终点。

两步反应所需要的条件如下:

第一,反应进行要加入过量的 KI 和 H_2SO_4,摇匀后在暗处放置 10min。实验证明:这一反应速度较慢,需要放置 10min 后反应才能定量完成,加入过量的 KI 和 H_2SO_4,不仅为了加快反应速度,也为了防止 I_2 的挥发,此时生成 I_3^- 络离子,由于 I^- 在酸性溶液中易被空气中的氧氧化,I_2 易被日光照射分解,故需要置于暗处避免见光。

第二,第一步反应后,用硫代硫酸钠标准溶液滴定前要加入大量水稀释。由于第一步反应要求在强酸性溶液中进行,而 $Na_2S_2O_3$ 与 I_2 的反应必须在弱酸性或中性溶液中进行,因此需要加水稀释以降低酸度,防止 $Na_2S_2O_3$ 分解。此外由于 $Cr_2O_7^{2-}$ 还原产物是 Cr^{3+} 显墨绿色,妨碍终点的观察,稀释后使溶液中 Cr^{3+} 浓度降低,墨绿色变浅,使终点易于观察。

滴定至终点后,经过 5 分钟以上,溶液又出现蓝色,这是由于空气氧化 I^- 所引起的,不影响分析结果;但如果到终点后溶液又迅速变蓝,表示 $Cr_2O_7^{2-}$ 与 I^- 的反应不完全,也可能是由于放置时间不够或溶液稀释过早,遇此情况应另取一份重新标定。

发生反应时溶液的温度不能高,一般在室温下进行,滴定时不要剧烈摇动溶液,使用带有玻璃塞的锥形瓶。析出 I_2 后不能让溶液放置过久。滴定速度宜适当快些。

淀粉指示液应在滴定近终点时加入，如果过早地加入，淀粉会吸附较多的 I_2，使滴定结果产生误差。

所用 KI 溶液中不应含有 KIO_3 或 I_2，如果 KI 溶液显黄色或将溶液酸化后加入淀粉指示液显蓝色，则应事先用 $Na_2S_2O_3$ 溶液滴定至无色后再使用。

需要说明的是，进行空白试验时有时空白值过大，正常的空白值为 1～2 滴，若超过此数表明蒸馏水制备过久，可能其中溶解了较多的氧，KI 会与氧发生反应产生 I_2，同时蒸馏水中的氧本身也会和硫代硫酸钠标准溶液发生反应，这两方面都会增加硫代硫酸钠标准溶液消耗量使空白值过大：

$$4I^- + 4H^+ + 4O_2 = 2I_2 + 2H_2O$$

$$2S_2O_3^{2-} + O_2 = 2SO_4^{2-} + 2S\downarrow$$

因此，每次标定时均应使用新鲜制备的蒸馏水或将蒸馏水重新煮沸 10min，冷却后使用，这样可有效避免上述情况的发生。

第三节　涂层剂残留单体的测定

一、典型产品

纺织品涂层整理剂简称涂层剂（又叫涂层胶），是指一种均匀涂布于织物表面能形成薄膜的高分子类化合物。织物经涂层剂整理后，可获得独特的风格、手感、外观以及各种特殊功能，能大大提升产品附加值。近年来市场上的涂层产品层出不穷，用途越来越广，产量逐年上升。目前，世界涂层整理的纺织品已占纺织品总量的 30%，而涂层剂消耗量以质量计已达纺织助剂总量的约 50%。因此，涂层剂研究倍受人们的关注。

涂层剂按化学结构不同分类，主要有聚丙烯酸酯类（PA）、聚氨酯类（PU）、聚氯乙烯类（PVC）、有机硅类，还有合成橡胶类、聚酯、聚四氟乙烯、聚酰胺、聚乙烯、聚丙烯等。目前主要应用是聚丙烯酸酯类和聚氨酯类。

二、项目来源和任务书

项目来源和任务书详见表 3-4。

表 3-4 涂层剂残留单体含量测定项目任务书

工作任务	涂层剂产品质量检验——残留单体的测定
项目情景	某企业对一批涂层剂产品进行抽样检查,分析残留单体是否合格
任务描述	对该批涂层剂产品残留单体进行测定,以判断其质量
目标要求	(1)能按要求独立设计报告,并形成规范电子文稿; (2)能独立完成涂层剂产品的残留单体测定基本操作; (3)能确定试验条件,定性和定量分析; (4)能对测定数据进行正确记录和处理
任务依据	(Q/ZCGJ 064－2008)成品、半成品和中间控制分析方法·残留单体的测试
学生角色	企业检验科室人员

三、相关标准解读

(Q/ZCGJ 064－2008)成品、半成品和中间控制分析方法·残留单体的测试

本标准适用于涂层剂产品残留单体的测试。

1. 原理

残留单体为参加聚合反应的单体,在产品中以双键的形式存在。加过量溴酸钾一溴化钾(生成溴),发生加成反应,剩余的溴与碘化钾反应,生成碘,用硫代硫酸钠标准溶液滴定析出的碘,近终点时,加淀粉指示液,继续滴定至溶液蓝色完全消失。

2. 仪器

电子天平(精确到 0.0001g);碘量瓶,250mL;移液管,25mL;碱式滴定管,50mL。

3. 试剂与溶液

(1)1∶1 盐酸。

(2)0.1mol/L 硫代硫酸钠标准溶液。

(3)0.05mol/L 溴酸钾一溴化钾溶液:称取 12.5g 溴化钾和 1.5g 溴酸钾于 200mL 烧杯中,溶解后转移至 1000mL 容量瓶定容,摇匀。

(4)1%淀粉溶液。

(5)10%碘化钾溶液(新配)。

(6)5%十二烷基硫酸钠溶液。

4. 操作程序

称取 0.4～0.6g 试样于已装有 60mL 5%十二烷基硫酸钠溶液的 250mL 碘量瓶中,摇匀,用移液管加入 25mL 0.05mol/L 溴酸钾一溴化钾溶液,沿瓶壁加入 10mL 1∶1 盐酸溶液,将瓶塞塞紧,摇匀,加碘化钾溶液封口。放置暗处 30min 加 10%碘化钾溶液 10mL,立即用 0.1mol/L 硫代硫酸钠标准溶液滴定,近终点时,加

2mL 淀粉指示液，继续滴定至溶液由蓝色完全消失为终点（如样品在滴定中有碘析出，再补加 10mL 四氯化碳）。同时做空白试验。

5. 结果表示

用式(3-2)计算残留单体：

$$残留单体=\frac{0.0799\times(V_0-V)\times c}{m}\times 100 \tag{3-2}$$

式中：V_0—空白试验消耗硫代硫酸钠标准溶液(mL)；

V—样品消耗硫代硫酸钠标准溶液(mL)；

c—所用硫代硫酸钠标准溶液浓度(mol/L)；

m—试样质量(g)，取二次平行测定结果平均值为测定结果，二次平行测定结果之差不大于 0.3%。

四、原始记录和检验报告

以小组为单位，自行设计原始记录和报告格式。

五、相关知识技能要点

(1)规范、正确使用相关仪器。

(2)能正确完成残留单体测定的基本操作。

(3)检验报告的设计与书写。

(4)纺织助剂的用途。

(5)残留单体测定的原理和方法。

六、观察与思考

(1)本实验的误差来源有哪些？

(2)残留单体测定的方法有哪些？

七、参考资料

(Q/ZCGJ 064—2008)成品、半成品和中间控制分析方法·残留单体的测试

第四节　纺织助剂滑爽剂的测定

一、典型产品

纺织助剂滑爽剂为水溶性环保非离子型，具有优良的光泽性、耐干湿擦性、柔韧性，附着力强、防水抗污、干燥快、耐高低温，且手感滑爽细腻，无毒无味；纺织滑爽剂应用于织物中可提高织物绵滑的滑爽及光泽度。

二、测定项目任务书

测定项目任务书详见表 3-5。

表 3-5　纺织助剂滑爽剂测定项目任务书

工作任务	纺织助剂质量检验——滑爽剂的测定
项目情景	某企业对一批滑爽剂进行抽样检查，分析含固量等是否合格
任务描述	对该批滑爽剂的含固量等进行测定，以判断其质量
目标要求	(1)能按要求独立设计报告，并形成规范电子文稿； (2)能独立完成滑爽剂的含固量等测定基本操作； (3)能确定试验条件，定性和定量分析； (4)能对测定数据进行正确记录和处理
任务依据	(Q/ZCGJ 064－2008)成品、半成品和中间控制分析方法
学生角色	企业检验科室人员

三、相关标准解读

(Q/ZCGJ 064－2008)成品、半成品和中间控制分析方法

本标准规定了含固量等的测定方法。

1. 原理

含固量，是指助剂或浆料中含有的固体量。含固量的测定方法：用分析天平准确称取原样 2 克左右于表面皿中，置于烘箱中，在 105～108℃的条件下，烘干 3 小时，取出称重，续放入烘箱，同样条件处理 30min，复取出称重，如此重复两次。比较三次数据，看是否达到恒重，然后根据以下公式计算得出含固量：

含固量＝干燥恒重/物料原重×100％

2. 仪器

电子天平(精确到0.0001g);培养皿。

3. 试剂与溶液

(略)

4. 操作程序

(1)含固量:用分析天平准确称取原样2克左右于培养皿,放于烘箱在105℃烘3小时,取出称重,续放入烘箱,同样条件处理30min,取出称重,如此重复至恒重。

(2)离心稳定性:3000rpm 15min,30min,1h分别观察其稳定性,是否分层。

(3)热稳定性:取约15mL样品煮沸15分钟,观察样品稳定性。

(4)置于5℃冰箱中12小时以上,观察样品稳定性。

5. 结果表示

用式(3-3)计算试样含固量:

$$\text{含固量}(\%)=\frac{\text{干燥恒重}}{\text{物料原重}} \tag{3-3}$$

取平行结果平均值为测定结果。

四、原始记录和检验报告

以小组为单位,自行设计原始记录和报告格式。

五、相关知识技能要点

(1)规范、正确使用相关仪器。

(2)能正确完成滑爽剂的含固量等测定的基本操作。

(3)检验报告的设计与书写。

(3)离心机使用。

(4)滑爽剂的含固量等测定的原理和方法。

六、观察与思考

(1)本实验的误差来源有哪些?

(2)分析化学和药典对恒重的定义有什么不同?

七、参考资料

(1)(GB/T 601—2002)化学试剂标准滴定溶液的制备。

(2)(Q/ZCGJ 064—2008)成品、半成品和中间控制分析方法。

第五节　氧漂稳定剂的检测

一、氧漂稳定剂质量指标

氧漂稳定剂质量指标详见表 3-6。

表 3-6　氧漂稳定剂质量指标

	项目	外观	pH 值（1%水溶液）	含固量	双氧水分解率比值	耐碱螯合分散性
氧漂稳定剂 TF-122B	指标	无色至浅黄色透明液体	5.0～7.0	20.5～22.5	0.80～1.20	与标样相当
	单位	—		%		

二、项目来源和任务书

项目来源和任务书详见表 3-7。

表 3-7　氧漂稳定剂双氧水分解率比值测定项目任务书

工作任务	氧漂稳定剂质量检验——双氧水分解率比值的测定
项目情景	助剂生产企业对一批产品进行抽样检查，分析产品是否合格
任务描述	对该批氧漂稳定剂双氧水分解率比值进行测定，以判断其质量
目标要求	(1)能按要求独立设计报告，并形成规范电子文稿； (2)能独立完成电位滴定分析条件设定及样品测定基本操作； (3)能确定试验条件，定性和定量分析； (4)能对测定数据进行正确记录和处理
任务依据	(Q/ZCGJ 064－2013)企业标准
学生角色	企业检验科室人员

三、基本原理和实施方案

(一)目的和适用范围

本标准适用于氧漂稳定剂双氧水分解率比值的测定。

(二)高锰酸钾法

1. 原理

在一定的碱性、硬度、铁离子存在的体系内，加入定量双氧水和稳定剂，在98℃恒温水浴中加热一段时间，冷却取出一定体积的溶液，在酸性条件下用高锰酸钾标准溶液滴定。

2. 试剂和溶液

(1)氢氧化钠溶液，50g/L：称取氢氧化钠 50g 置于烧杯中，用去离子水定容于1000mL 容量瓶。

(2)铁离子溶液，3mg/L；10000mg/L(以铁计)硫酸铁铵溶液：准确称取硫酸铁铵 21.5g，加入约 5mL 浓硫酸，用去离子水溶解并定容至 250mL 的容量瓶中，摇匀后备用。用上述溶液稀释成 3mg/L 即可。

(3)硬度：按自来水的硬度。

(4)双氧水溶液，60g/L：称取 30% 的分析纯双氧水 60g，用蒸馏水定容于1000mL 容量瓶。

(5)高锰酸钾标准滴定溶液，0.05mol/L。

(6)硫酸溶液，3mol/L。

3. 仪器设备

电子天平，感量 0.0001g；容量瓶，250mL；移液管，5mL、10mL、25mL；一般实验仪器。

4. 实验步骤

(1)在烧杯中称取试样 2.500g(精确至 0.0001g)，用自来水将其转移到 250mL 的容量瓶中，在近刻度约 170mL 时再移入 25mL 氢氧化钠溶液(使碱浓度达到5g/L)，25mL 双氧水溶液 5mL 铁离子溶液，然后用自来水稀释至刻度，摇匀。

(2)量取铁离子(3mg/L)的溶液 50mL 倒入烘干的 250mL 容量的锥形瓶中，瓶口用塑料纸将其扎紧，放入沸水浴中加热 30min，取出立即用自来水冷却至室温，然后用移液管移取 10mL 溶液至锥形瓶中，加入 100mL 自来水、5mL 硫酸溶液，用高锰酸钾溶液进行滴定。终点为微红色，30s 不褪色。

(3)空白试验

移取 10mL 双氧水，用蒸馏水定容到 100mL 的容量瓶中，摇匀移取 10mL 到干净的锥形瓶中，加入 100mL 的蒸馏水、5mL 硫酸溶液，用高锰酸钾溶液进行滴定。终点为微红色，30s 不褪色。

5. 结果表述

双氧水分解率比值以 X 计，按式(3-4)计算：

$$A=\frac{V_0-V_A}{V_0}\times 100$$

$$B=\frac{V_0-V_B}{V_0}\times 100$$

$$X=\frac{A}{B} \tag{3-4}$$

式中：V_0—空白消耗的高锰酸钾标准溶液体积，体积为毫升(mL)；

V_A—试样消耗的高锰酸钾标准溶液体积，体积为毫升(mL)；

V_B—标样消耗的高锰酸钾标准溶液体积，体积为毫升(mL)；

A—试样双氧水分解率；

B—标样双氧水分解率。

6. 允许差

两次平行测定结果之差应不大于5%，取其算术平均值为测定结果。

(三)硫代硫酸钠法

1. 原理

在一定的碱性、硬度、铁离子存在的体系内，加入定量双氧水和稳定剂，在98℃恒温水浴中加热一段时间，冷却取出一定体积的溶液，加入过量的碘化钾，在酸性条件下用硫代硫酸钠标准溶液滴定。

2. 试剂和溶液

(1)氢氧化钠溶液，50g/L：称取氢氧化钠50g于烧杯中，用蒸馏水定容于1000mL容量瓶。

(2)铁离子溶液，3mg/L；10000mg/L(以铁计)硫酸铁铵溶液：准确称取硫酸铁铵21.5g，加入约5mL浓硫酸用去离子水溶解并定容至250mL的容量瓶中，摇匀后备用。用上述溶液稀释成3mg/L即可。

(3)硬水，按自来水的硬度。

(4)双氧水溶液，60g/L：称取30%的分析纯双氧水60g，用蒸馏水定容于1000mL容量瓶。

(5)硫代硫酸钠标准滴定溶液，0.1mol/L。

(6)硫酸溶液，3mol/L。

(7)碘化钾，分析纯。

(8)淀粉指示剂，5g/L。

3. 仪器设备

电子天平，感量0.0001g；容量瓶，250mL；移液管，5mL、10mL、25mL；一般实验仪器。

4. 实验步骤

(1)在烧杯中称取试样2.500g(精确至0.0001g)，用自来水将其溶解到250mL的容量瓶中，在近刻度约170mL时再移入25mL氢氧化钠溶液(使碱浓度达到5g/L)，25mL双氧水溶液5mL铁离子溶液，然后用自来水稀释至刻度，摇匀。

(2)量取上述的溶液 50mL 倒入烘干的 250mL 容量的锥形瓶中，瓶口用塑料纸将其扎紧，放入沸水浴中加热 30min，取出立即用自来水冷却至室温，然后用移液管移取 10mL 溶液至碘量瓶中，加入 5mL 硫酸溶液和 2g 左右的碘化钾，用水封，放在暗处反应 15min。反应完后加 100mL 的蒸馏水，用硫代硫酸钠标准溶液进行滴定。近终点时加淀粉作指示剂(1～2mL)继续滴定至无色。

(3)空白试验。移取 10mL 双氧水，用蒸馏水定容到 100mL 的容量瓶中，摇匀移取 10mL 到干净的碘量瓶中，加入 5mL 硫酸溶液和 2g 左右的碘化钾，用水封，在暗处反应 15min，反应完后加 100mL 的蒸馏水，用硫代硫酸钠标准溶液进行滴定。过程同试样滴定。

5. 结果表述

双氧水分解率比值以 X 计，按式(3-5)计算：

$$A=\frac{V_0-V_A}{V_0}\times 100$$

$$B=\frac{V_0-V_B}{V_0}\times 100$$

$$X=\frac{A}{B} \tag{3-5}$$

式中：V_0—空白消耗的硫代硫酸钠标准溶液体积，单位为毫升(mL)；

V_A—试样消耗的硫代硫酸钠标准溶液体积，单位为毫升(mL)；

V_B—标样消耗的硫代硫酸钠标准溶液体积，单位为毫升(mL)；

A—试样双氧水分解率；

B—标样双氧水分解率。

6. 允许差

两次平行测定结果之差应不大于 5%，取其算术平均值为测定结果。

四、知识技能要点

(1)了解分析检测项目原理。

(2)规范、正确使用碘量瓶、电子天平等相关仪器。

(3)能正确完成氧漂稳定剂双氧水分解率比值的分析方法。

(4)检验报告的设计与书写。

第六节　长车精练粉/软水剂/螯合分散剂螯合能力的测定

一、长车精练粉/软水剂/螯合分散剂质量指标

长车精练粉/软水剂/螯合分散剂质量指标详见表 3-8。

表 3-8　长车精练粉/软水剂/螯合分散剂质量指标

<table>
<tr><td rowspan="2">长车精练粉
TF-135A</td><td>项目</td><td>外观</td><td>pH 值
(0.1%水溶液)</td><td>溶解度(g)</td><td>铁螯合力(mg/g)
(Fe^{3+}法)</td><td>稀释稳定性
(10%水溶液)(型式)</td></tr>
<tr><td>指标</td><td>白色颗粒</td><td>11.0～13.0</td><td>≥13</td><td>≥90</td><td>与标样相当</td></tr>
<tr><td rowspan="2">软水剂
TF-510B</td><td>项目</td><td>外　观</td><td>pH 值
(1%水溶液)</td><td colspan="2">钙螯合力(mg/g)(滴浊法)</td><td>溶解度,g(型式)</td></tr>
<tr><td>指标</td><td>白色粉末</td><td>8.5～10.5</td><td colspan="2">≥150</td><td>≥13</td></tr>
<tr><td rowspan="2">螯合分散剂
TF-133</td><td>项目</td><td>外观</td><td>pH 值
(1%水溶液)</td><td>含固量(%)</td><td>钙螯合力(mg/g)
(指示剂法)</td><td>分散力</td></tr>
<tr><td>指标</td><td>无色至浅
黄色透明
液体</td><td>4.0～6.0</td><td>28.0～30.0</td><td>≥95</td><td>与标样相当</td></tr>
</table>

参考标准:GB/T 21884—2008 纺织印染助剂螯合剂螯合能力的测定。

目的和适用范围及术语

(1)适用于纺织印染助剂中有机多元磷酸盐、高分子聚羧酸及其盐类螯合剂螯合能力的测定;也适用于乙二胺四乙酸(EDTA)、N-羟基乙二胺四乙酸(HEDTA)、二乙基四胺五乙酸(DTPA)及其盐类的螯合剂螯合能力的测定。

(2)螯合能力螯合金属离子的能力,一般用能螯合的金属离子或者该金属形成的化合物的量来表示,表示为每克螯合剂中金属离子或该金属形成的化合物的毫克量(mg/g)。

(3)螯合钙能力螯合金属钙离子的能力,以每克螯合剂中螯合钙的量的多少表示螯合钙能力的强弱,一般以碳酸钙计。

(4)螯合铁能力螯合金属铁离子的能力,以每克螯合剂中螯合铁的量的多少表示螯合铁能力的强弱,一般以三氧化二铁计。

二、螯合剂螯合钙能力的测定方法

(一)测定方法(K+B指示剂法)

1. 原理

利用已知浓度的乙酸钙滴定已知质量的螯合剂，来测得螯合值。滴定过程中在 pH=10 的氨—氯化铵缓冲溶液中，金属混合指示剂的作用下，溶液为亮蓝色，当所有的螯合剂与乙酸钙中的钙反应完全后，再滴加乙酸钙时，溶液中过量的钙将会和指示剂反应得到紫色的络合物，此时溶液变为紫红色，即为滴定终点。

2. 试剂和溶液

除非另有规定，仅使用确认为分析纯的试剂和 GB/T 6682 中规定的三级水，试验中使用的标准滴定溶液和制剂，在没有注明其他要求时，均按照 GB/T 601 和 GB/T 603 的规定制备和标定。

(1)氨—氯化铵缓冲溶液(pH=10.0)：称取 54g 氯化铵溶于 350mL 氨水中，加水定容至 1000mL。

(2)乙酸钙标准滴定溶液：$c[Ca(AC)_2]=0.25mol/L$。

(3)混合指示剂：酸性铬蓝 K+萘酚绿 B+氯化钾(1+2+40，质量比)。

3. 仪器设备

电子天平，感量 0.0001g；电子天平，感量 0.01g；精密 pH 计，测量范围 0～14，精度 0.01；容量瓶，500mL；移液管，100mL、10mL；酸式滴定管，50mL；锥形瓶，250mL。

4. 实验步骤

(1)称取试样约 1.0g(精确至 0.0001g)于 250mL 锥形瓶中，用量筒加入 50mL 水溶解，然后加入 10mL 氨—氯化铵缓冲溶液调节 pH 值为 10 左右，再加入少许(约 0.03g)混合指示剂，用乙酸钙标准滴定溶液滴定至溶液由亮蓝色变为紫红色为终点。

(2)注意事项：混合指示剂要磨均匀，而且要干燥，终点颜色一致。

5. 结果表述及计算

螯合钙的能力以每克螯合剂试样螯合 Ca^{2+} 的量(以 $CaCO_3$ 计)X 表示，数值单位为 mg/g，按式(3-6)计算，

$$X=\frac{c\times V\times 100.1}{m} \tag{3-6}$$

式中：c—乙酸钙标准滴定溶液的浓度，单位摩尔每升(mol/L)；

V—滴定消耗乙酸钙标准滴定溶液的体积，单位毫升(mL)；

m—试样的质量，单位克(g)；

100.1—与 1.00 乙酸钙标准滴定溶液相当的 $CaCO_3$ 的质量，单位为克(g)。

6. 允许差

两次平行测定的绝对差值不大于 5%，取其算术平均值为测定结果。

(二)滴浊法

1. 原理

将溶液 pH 值调至 10 左右，螯合剂有络合金属钙离子能力，当结合钙离子到饱和时，钙离子与草酸根离子结合成不溶于水的草酸钙沉淀，即滴定到终点。

2. 试剂和溶液

(1)氨-氯化铵缓冲溶液(pH=10.0)：称取 54g 氯化铵溶于 350mL 氨水中，用水定容至 1000mL。

(2)乙酸钙标准滴定溶液(配制方法按照附录 A 规定配制)：$c[Ca(AC)_2]=0.25mol/L$。

(3)草酸钠指示剂(20g/L)：称取 2g 草酸钠溶于水，用水定容至 100mL。

3. 仪器设备

电子天平，感量 0.0001g，感量 0.01g；精密 pH 计，测量范围 0～14，精度 0.01；容量瓶，250mL；移液管，25mL；微量滴定管，1mL，2mL，5mL；磁力搅拌器。

4. 实验步骤

称取试样 2.000g(精确到 0.0001g)，用水溶解并定容至 250mL 容量瓶中，用移液管移取 25mL 于烧杯中，加入 5mL 氨-氯化铵缓冲溶液调节 pH 值为 10 左右，再加入 2 滴 20g/L 的草酸钠指示剂，放置在磁力搅拌器上，放入搅拌子，以黑色为背景，用 0.25mol/L 乙酸钙标准滴定溶液滴定(滴速不宜过快)至溶液持久浑浊为终点。

5. 结果表述及计算

螯合钙的能力以每克螯合剂试样螯合 Ca^{2+} 的量(以 $CaCO_3$ 计)X 表示，数值单位为 mg/g，按式(3-7)计算。

$$X=\frac{c\times V\times 100.1}{m\times 25/250} \tag{3-7}$$

式中：c—乙酸钙标准滴定溶液的浓度，单位摩尔每升(mol/L)；

V—滴定消耗乙酸钙标准滴定溶液的体积，单位毫升(mL)；

m—试样的质量，单位克(g)；

100.1—与 1.00mL 乙酸钙标准滴定溶液相当的 $CaCO_3$ 的质量，单位为克(g)。

6. 允许差

两次平行测定的绝对差值不大于 5%，取其算术平均值为测定结果。

（三）螯合剂螯合铁能力的测定（酸性条件下螯合剂螯合铁能力）——EDTA滴定法

1. 原理

向已知质量的螯合剂试样溶液中加入过量的硫酸铁铵溶液，使所有的螯合剂都与铁离子反应完全，剩余的铁离子用EDTA（乙二胺四乙酸）标准滴定溶液滴定，在指示剂的存在下，溶液由紫红色变为亮黄色即为滴定终点。

2. 试剂和溶液

除非另有规定，仅使用确认为分析纯的试剂和GB/T 6682中规定的三级水，试验中使用的标准滴定溶液和制剂，在没有注明其他要求时，均按照GB/T 601和GB/T 603的规定制备和标定。

（1）十二水硫酸铁铵[$NH_4Fe(SO_4)_2 \cdot 12H_2O$]溶液，$c[NH_4Fe(SO_4)_2]=0.1mol/L$：称取十二水硫酸铁铵48.2g（精确至0.01g），加入100mL水，再加10mL浓硫酸使其溶解，冷却，定容至1000mL。

（2）EDTA标准滴定溶液（GB/T 601）：$c(EDTA)=0.05mol/L$。

（3）磺基水杨酸指示剂（20g/L）：称取2g磺基水杨酸溶于水，用水定容至100mL。

3. 仪器和设备

电子天平，感量0.01g，感量0.0001g；容量瓶，500mL；移液管，5mL、10mL；酸式滴定管，50mL；锥形瓶，250mL；量筒，50mL。

4. 实验步骤

称取试样约5.0g（精确至0.0001g），用水溶解并定容至500mL容量瓶中，吸取5mL于250mL锥形瓶中，加50mL去离子水，用移液管加入10mL $NH_4Fe(SO_4)_2 \cdot 12H_2O$溶液和2滴磺基水杨酸指示剂，用EDTA标准滴定溶液滴定至溶液由紫红色变为黄色为终点。同时做空白实验。

5. 注意事项

（1）滴定时必须先滴定空白，再滴定试样（终点的颜色与空白应完全一致）。

（2）滴定时空白与试样终点的颜色对比的条件是：光线明亮（但不能在阳光照射下）、有白板（或白墙）做底色。

（3）滴定须缓慢逐滴加入（必要时可加热）。

（4）在配制硫酸铁铵时必须加入硫酸以防止Fe^{3+}水解，生成$Fe(OH)_3$沉淀。

6. 结果表述及计算

螯合铁的能力以每克螯合剂试样螯合Fe^{3+}的量（以Fe_2O_3计）Y表示，数值单位为mg/g，按式(3-8)计算。

$$Y=\frac{(V_0-V)\times c\times 0.1596\times 1000}{m\times \frac{5}{500}} \tag{3-8}$$

式中：C—EDTA标准滴定溶液的浓度，单位摩尔每升(mol/L)；

V—滴定试样消耗EDTA标准滴定溶液的体积，单位毫升(mL)；

V_0—空白试验消耗EDTA标准滴定溶液的体积，单位毫升(mL)；

m—试样的质量，单位克(g)；

0.1596—与1.00mL-EDTA标准滴定溶液相当的Fe_2O_3的质量，单位为克(g)。

7.允许差

两次平行测定的绝对差值不大于5%，取其算术平均值为测定结果。

(四)Fe^{3+}滴定法

1.原理

Fe^{3+}与磺基水杨酸在酸性介质中生成微红色配合物，利用此反应在酸性条件下以磺基水杨酸作指示剂用Fe^{3+}滴定螯合剂试样溶液，滴至溶液由无色变为微红色即为终点。

2.试剂和溶液

(1)十二水硫酸铁铵[$NH_4Fe(SO_4)_2 \cdot 12H_2O$]溶液，$c$[$NH_4Fe(SO_4)_2$]=0.1mol/L：称取十二水硫酸铁铵48.2g(精确至0.01g)，加入100mL水，再加10mL浓硫酸使其溶解，冷却，定容至1000mL；0.01mol/L c[$NH_4Fe(SO_4)_2$]由上述溶液稀释而成，过滤后标定即可。

(2)磺基水杨酸指示剂(20g/L)：称取2g磺基水杨酸溶于水，用水定容至100mL。

(3)所有试剂均为分析纯。

3.仪器设备

电子天平，感量0.01g，感量0.0001g；容量瓶，500mL；移液管，2mL；酸式滴定管，25mL；锥形瓶，250mL；量筒，50mL。

4.实验步骤

称取试样5.000g(精确至0.0001g)，用水溶解并定容至500mL容量瓶中，移取2mL于250mL锥形瓶中，加30mL水和5滴磺基水杨酸指示剂，用0.01mol/L硫酸铁铵标准滴定溶液滴定至溶液由无色变为微红色为终点。

5.结果表述及计算

螯合铁的能力以每克螯合剂试样螯合Fe^{3+}的量(以Fe_2O_3计)Y表示，数值单位为mg/g，按式(3-9)计算。

$$X=\frac{V\times c\times 159.6}{m\times\frac{2}{500}} \tag{3-9}$$

式中：V—试样消耗硫酸铁铵溶液的体积，单位毫升(mL)；

c—硫酸铁铵溶液的浓度，单位摩尔每升(mol/L)；

m—试样质量，单位为克(g)。

6. 允许差

两次平行测定的绝对差值不大于5%，取其算术平均值为测定结果。

(五)碱性条件下螯合剂螯合铁能力(定性螯合铁能力)

1. 试剂

(1)碱液，60g/L的氢氧化钠溶液：准确称取60g分析纯的氢氧化钠，用去离子水溶解并定容至1L的容量瓶中，摇匀后备用。

(2)硫酸铁铵溶液，ρ(Fe)＝10000mg/L(以铁计)：准确称取硫酸铁铵21.5g，加入约5mL浓H_2SO_4，用去离子水溶解并定容至250mL的容量瓶中，摇匀后备用。

2. 仪器设备

烧杯，150mL；电子天平，精度0.01g。

3. 实验步骤

在样品瓶中加入60g/L氢氧化钠溶液40g、水4g、样品2g、硫酸铁铵溶液4g，开始样品内有砖红色絮状沉淀，用力摇匀后，砖红色絮状沉淀消失，变成棕红色液体，静置30min后观察样品瓶内有无絮状物出现，若无絮状物出现则样品的耐碱性合格；反之则不合格。

4. 结果表述

目测试样溶液有无絮状物出现，若无絮状物出现则样品的耐碱性合格；反之则不合格。

三、螯合分散剂碳酸钙分散力的测定(参考项目)

(一)定量分析方法(本法适用螯合分散剂类产品分散力的测定)

1. 原理

向定量浓度的试样中加入碳酸钙粉末，放置一定时间后，定量移取上层悬浮液，加过量的盐酸，用氢氧化钠标准溶液回滴。

2. 试剂和溶液

(1)氢氧化钠标准溶液：0.5mol/L。

(2)盐酸标准溶液：0.5mol/L。

(3)溴甲酚绿-甲基红指示剂(3＋1)。溶液1：称取0.1g溴甲酚绿，溶于乙醇(95%)，用乙醇(95%)稀释至100mL；溶液2：称取0.2g溴甲酚绿，溶于乙醇(95%)，用乙醇(95%)稀释至100mL；取30mL溶液1加10mL溶液2，混匀。

(4)碳酸钙：分析纯。

3. 仪器设备

电子天平；容量瓶，250mL；具塞比色管，100mL；移液管，20mL、25mL。

4. 实验步骤

(1)在烧杯中称取试样约 25g(精确至 0.0002g),用水稀释至 250mL 容量瓶中。混匀备用。(如果试液偏酸性,将试液用液碱调至 pH 近中性。)

(2)取上述溶液 100mL(无须精确移取)于 100mL 的具塞比色管中,加入 2g 碳酸钙粉末,密塞后,将比色管上下振荡多次,然后于室温下静置 30min,在距底部 50mL 处精确移取该溶液 20mL 于锥形瓶中(20mL 的移液管烘干,尽可能一次移出,以不破坏静置的溶液),移入 25mL 盐酸(c=0.5mol/L),50mL 去离子水,加入 6~7 滴溴甲酚绿-甲基红指示剂,用氢氧化钠标准溶液滴定由红色至绿色为终点,记录体积为 V_1。

(3)同时进行空白试验。取试样溶液 20mL 于锥形瓶中,移入 25mL 盐酸(c=0.5mol/L),加入 50mL 去离子水,加入 6~7 滴溴甲酚绿-甲基红指示剂,用氢氧化钠标准溶液滴定由红色至绿色为终点,记录体积为 V_0。

5. 结果表述

试样碳酸钙分散力用 X(以 $CaCO_3$ 计,mg/g)表示,按式(3-10)计算:

$$X=\frac{c(V_1-V_0)\div 2\times 100.1}{m\times\frac{20}{250}} \tag{3-10}$$

式中:c—氢氧化钠标准溶液的浓度,单位为摩尔每升(mol/L);

m—试样质量,单位为克(g);

V_1—滴定试样耗用的氢氧化钠体积,单位为毫升(mL);

V_0—空白所耗用的氢氧化钠体积,单位为毫升(mL)。

6. 允许差

两次平行测定的绝对差值不大于 5%,取其算术平均值为测定结果。

(二)定性分析方法

1. 原理

向定量浓度的试样中加入碳酸钙粉末,放置一定时间后,同时与标样作对比,观察溶液的透明度和沉淀的析出速度,溶液透明度越差和沉淀的析出速度越慢分散力越好,反之分散力差。

2. 试剂和溶液

碳酸钙:分析纯。

3. 仪器设备

电子天平,感量 0.01g;容量瓶,250mL;具塞比色管,100mL。

4. 实验步骤

(1)在烧杯中称取试样约 25g(精确至 0.0002g),用水稀释至 250mL 容量瓶中。混匀备用。(如果试液偏酸性,将试液用液碱调至 pH 近中性。)

(2)取上述溶液 100mL(无须精确移取)于 100mL 的具塞比色管中,加入 2g 碳酸钙粉末，密塞后，将比色管上下振荡多次，然后于室温下静置 30min。

(3)同时进行标样试验，方法同上，振荡几次应该相同。

(4)静置 30min 后进行比较，是否与标样相当。

5. 结果表述

目测溶液的透明度和沉淀的析出速度，溶液透明度越差和沉淀的析出速度越慢分散力越好，反之分散力差。

第四章　油脂的检验

第一节　油脂概述

一、油脂的概念

油和脂肪统称为油脂，是油料在成熟过程中由糖转化而形成的一种复杂的混合物，是油籽中主要的化学成分。自然界中的油脂是多种物质的混合物，其主要成分是一分子甘油与三分子高级脂肪酸脱水形成的酯，称为甘油三酯。

二、油脂的分类

(1)按原料来源可分为动物油、植物油和微生物油脂。动物油是指从动物体内取得的油脂，如牛油、猪油、鱼油等。植物油是指从植物根、茎、叶、果实、花或胚芽组织中加工提取的油脂，如大豆油、菜籽油、棉籽油、花生油、芝麻油、米糠油、葵花籽油、玉米油、、亚麻籽油等。微生物油脂又称单细胞油脂，是指从某些微生物包括酵母菌、霉菌和藻类等细胞内提取加工得到的可食用油脂。

(2)按加工工艺可分为压榨油和浸出油。压榨油根据加工过程中料坯处理的温度又分为冷榨油和热榨油。冷榨油是指原料不经蒸炒等高温处理，而是在原料清理后直接压榨，压榨的出油温度在60℃(或70℃)以下。热榨油是指料坯经过高温蒸炒再进行压榨而成。压榨法的优点是产品污染少且营养成分不易受破坏，但缺点是出油率低、成本高。浸出油是指将油料中的油脂用食用级有机溶剂萃取后制得。浸出油是经过脱溶、脱胶、脱酸、脱色、脱臭(根据油品质量等级，采用不同的精炼工序)后加工得到的成品油，其优点是出油率高、加工成本低，缺点是毛油中残留物质多。

(3)按产品的新国家标准可分为一级油、二级油、三级油、四级油。油品级别只是在精炼程度上有区别，通常来说，由毛油精炼制得不同等级的成品油，一级油精炼程度最高。无论是一级还是四级食用油，只要符合国家标准，消费者都可以放心食用。

(4)按不饱和程度，一些油在空气中放置可生成一层具有弹性而坚硬的固体薄膜，这种现象称为油脂的干化。根据各种油干化程度的不同，可将油脂分为干性油(桐油、亚麻籽油)、半干性油(葵花籽油、棉籽油)及不干性油(花生油、蓖麻籽油)3类。干性油，碘值大于130；半干性油，碘值为100～130；不干性油，碘值小于100。

油脂是精细化学品生产的常用原料，以植物油脂和动物油脂为主。其组成主要是高级脂肪酸的甘油酯，其次是人工合成的油脂，以及少数的矿物油，如凡士林等。

第二节　油脂中水分和挥发物的测定

通常纯度较高或精炼过的油脂含水量极少，但在精炼过程中水分不可能完全去除，因为油脂中含磷脂，蛋白质以及其他能与水结合成胶体的物质，使水不易下沉而混杂在油脂中。此外，固状、半固状油脂在凝固时往往夹带较多的水分。例如，常见的骨油、牛油和羊油含水量有时高达20%左右。

水分的存在是油脂酸败变质的基础，因此加工油脂或使用油脂做原料时都需要进行水分的测定。测定油脂水分的方法有烘干法和蒸馏法等。

一、项目来源和任务书

项目来源和任务书详见表4-1。

表4-1　油脂水分和挥发物的测定项目任务书

工作任务	油脂质量检验——油脂水分和挥发物的测定
项目情景	某生产企业对一批油脂原料进行抽样检查，分析油脂水分和挥发物是否合格
任务描述	对该批油脂水分和挥发物进行测定，以判断其质量
目标要求	(1)能按要求独立设计报告，并形成规范电子文稿； (2)能独立完成油脂水分和挥发物测定基本操作； (3)能确定试验条件，定性和定量分析； (4)能对测定数据进行正确记录和处理
任务依据	(SN/T0801.18—2011)进出口动植物油脂第18部分：水分及挥发物检测方法
学生角色	企业检验科室人员

二、相关标准解读

(SN/T0801.18—2011)进出口动植物油脂第18部分:水分及挥发物检测方法

本标准的本部分规定了进出口动植物油脂中水分及挥发物的检测方法。适用于进出口动植物油脂中水分及挥发物的测定。本部分真空烘箱法适用于除游离脂肪酸高于1%的椰子油外的动植物油脂。本部分烘箱法适用于动物油和碘价小于100的非干性植物油。不适用于:碘价大于130的干性植物油,如亚麻仁油、葵花籽油、桐油等;椰子油类。

1.原理

在一定的温度下,将试样烘干恒重,然后测定试样减少的质量。

2.仪器和设备

烘箱;干燥器;称量皿:直径5cm,高3cm。

3.操作程序

于已烘至恒重的称量皿内,称取混匀试样5g~10g(精确至0.0001g),在103℃±2℃烘箱中烘1h(精炼油脂烘不超过45min),置于干燥器中冷却至室温,称量。此后,每烘30min放冷称量一次,直至两次称量差不超过0.0003g为止。若有增重,则以前一次结果为准。

4.结果表示

用式(4-1)计算试样中水分和挥发物(%):

$$\text{水分和挥发物}(\%)=\frac{m_1-m_2}{m}\times 100 \tag{4-1}$$

式中:m_1—烘前试样加称量瓶质量(g);

m_2—烘后试样加称量瓶质量(g);

m—试样质量(g)。

平行试验结果允许差为0.05%,取平行结果平均值为测定结果,小数点后保留两位。

三、原始记录和检验报告

以小组为单位,自行设计原始记录和报告格式。

试验报告应该包括:①样品来源、名称、种类;②所用烘箱型号;③试验温度;④测定值。

四、相关知识技能要点

(1)规范、正确使用烘箱等相关仪器。
(2)能正确完成油脂水分和挥发物测定的基本操作。
(3)检验报告的设计与书写。
(4)烘箱结构,原理,使用注意事项。
(5)油脂水分和挥发物测定分析方法。

五、观察与思考

(1)烘箱的使用条件设置?
(2)水分测定的方法有哪些?

六、参考资料

(1)(SN/T0801.18—2011)进出口动植物油脂第18部分:水分及挥发物检测方法
(2)检验报告的设计范例
检验报告的设计格式详见表4-2。

表4-2　××检测中心检测报告

<table>
<tr><td colspan="3">样品名称</td><td colspan="3"></td><td colspan="3">样品编号</td><td colspan="3"></td></tr>
<tr><td colspan="3">生产单位</td><td colspan="3"></td><td colspan="3">样品商标</td><td colspan="3"></td></tr>
<tr><td colspan="3">委托单位</td><td colspan="9"></td></tr>
<tr><td colspan="3">受检单位</td><td colspan="9"></td></tr>
<tr><td colspan="3">样品批号</td><td colspan="3"></td><td colspan="3">采(收)样方式</td><td colspan="3"></td></tr>
<tr><td colspan="3">生产日期</td><td colspan="3"></td><td colspan="3">样品规格/包装</td><td colspan="3"></td></tr>
<tr><td colspan="3">样品状态</td><td colspan="3"></td><td colspan="3">样品数量</td><td colspan="3"></td></tr>
<tr><td colspan="3">检测项目</td><td colspan="9"></td></tr>
<tr><td colspan="3">收样日期</td><td colspan="3"></td><td colspan="3">检测日期</td><td colspan="3"></td></tr>
<tr><td colspan="3">检测依据</td><td colspan="3"></td><td colspan="6"></td></tr>
<tr><td colspan="3">检测结论</td><td colspan="3"></td><td colspan="6"></td></tr>
<tr><td colspan="12">检测结果</td></tr>
<tr><td colspan="2">样号</td><td colspan="2">样品名称</td><td colspan="2">检测项目</td><td colspan="2">技术要求</td><td colspan="2">检验结果</td><td colspan="2">单项结论</td></tr>
<tr><td colspan="2"></td><td colspan="2"></td><td colspan="2"></td><td colspan="2"></td><td colspan="2"></td><td colspan="2"></td></tr>
<tr><td colspan="2"></td><td colspan="2"></td><td colspan="2"></td><td colspan="2"></td><td colspan="2"></td><td colspan="2"></td></tr>
<tr><td colspan="12">以下空白</td></tr>
<tr><td colspan="12"></td></tr>
<tr><td colspan="4">编制人:</td><td colspan="4">审核人:</td><td colspan="4">批准人:</td></tr>
</table>

批准日期:____年____月____日

第三节　油脂酸价的测定

一、项目来源和任务书

项目来源和任务书详见表 4-3。

表 4-3　油脂酸价含量测定项目任务书

工作任务	油脂质量检验——油脂酸价的测定
项目情景	某企业对一批油脂原料进行抽样检查，分析油脂酸价是否合格
任务描述	对该批油脂原料的酸价进行测定，以判断其质量
目标要求	(1)能按要求独立设计报告，并形成规范电子文稿； (2)能独立完成油脂样品的酸价测定基本操作； (3)能确定试验条件，定性和定量分析； (4)能对测定数据进行正确记录和处理
任务依据	SN/T 0801.19－1999 进出口动植物油脂游离脂肪酸和酸价检验方法
学生角色	企业检验科室人员

二、相关标准解读

(SN/T 0801.19－1999)进出口动植物油脂游离脂肪酸和酸价检验方法

本标准规定了进出口动植物油脂游离脂肪酸和酸价的检验方法，适用于进出口动植物油脂游离脂肪酸和酸价的测定。

1. 原理

将试样溶解在混合溶剂中，用标准的氢氧化钾溶液滴定存在的游离脂肪酸。

$$RCOOH + KOH \longrightarrow RCOOK + H_2O$$

2. 仪器

电子天平(精确到 0.0001g)；碱式滴定管(容量为 50mL)。

3. 试剂与溶液

(1)乙醚。

(2)95%乙醇。

(3)0.2mol/L 氢氧化钾标准溶液。

(4)中性混合溶剂：乙醚＋95%乙醇，1＋1(V＋V)。

(5)指示剂：1%酚酞乙醇溶液。

4.操作程序

参照表4-4称取试样注入锥形瓶中，加入中和的混合溶剂100mL，加入酚酞指示剂0.5mL，用0.1mol/L氢氧化钾标准溶液滴定至粉红色30s不褪。

表4-4　试样取样量

估计酸价	试样的质量(g)	试样称重的准确值(g)
<1	20	0.05
1～4	10	0.02
5～15	2.5	0.01
16～75	0.5	0.001
>75	0.1	0.002

注：测定蓖麻油游离脂肪酸时，改用相同体积的中性乙醇代替混合溶剂。

5.结果表示

用式(4-2)计算试样酸价：

$$酸价=\frac{56.1\times V\times c}{m} \quad (4-2)$$

式中：V—所用氢氧化钾标准溶液体积(mL)；

c—所用氢氧化钾标准溶液浓度(mol/L)；

m—试样质量(g)；

取平行结果平均值为测定结果。

用式(4-3)计算试样游离脂肪酸(%)：

$$游离脂肪酸(\%)=\frac{M\times V\times c}{m\times 1000}\times 100 \quad (4-3)$$

式中：V—所用氢氧化钾标准溶液体积(mL)；

c—所用氢氧化钾标准溶液浓度(mol/L)；

m—试样质量(g)；

M—试样摩尔质量(g/mol)。

取平行结果平均值为测定结果。

酸价平行试验结果允许差不超过0.2。

游离脂肪酸平行试验结果允许差不超过0.1%。

三、相关知识技能要点

(1)规范、正确使用相关仪器。

(2)能正确完成油脂酸价测定的基本操作。

(3)检验报告的设计与书写。

(4)电子天平的基本结构和校正方法。

(5)油脂酸价测定的原理和方法。

四、观察与思考

(1)本实验的误差来源有哪些?

(2)油脂酸价测定的方法有哪些?

五、参考资料

(SN/T 0801.19—1999)进出口动植物油脂游离脂肪酸和酸价检验方法

第四节　油脂碘值的测定

一、项目来源和任务书

项目来源和任务书详见表4-5。

表4-5　油脂碘值测定项目任务书

工作任务	油脂质量检验——油脂碘值的测定
项目情景	某企业对一批油脂原料进行抽样检查,分析油脂碘值是否合格
任务描述	对该批油脂原料的碘值进行测定,以判断其质量
目标要求	(1)能按要求独立设计报告,并形成规范电子文稿; (2)能独立完成油脂样品的碘值测定基本操作; (3)能确定试验条件,定性和定量分析; (4)能对测定数据进行正确记录和处理
任务依据	(GB/T 5532—2008)动植物油脂碘值的测定
学生角色	企业检验科室人员

二、相关标准解读

(GB/T 5532—2008)动植物油脂碘值的测定

本标准规定了动物脂肪和植物油中碘值的测定方法。

1.原理

碘乙醇溶液和水作用生成次碘酸,次碘酸和乙醇反应生成新生态碘,再和油脂分子中的不饱和脂肪酸起加成反应，剩余的碘，以硫代硫酸钠标准溶液滴定。

2. 仪器

电子天平(精确到0.0001g)；碘量瓶，250mL；移液管，25mL；滴定管，50mL。

3. 试剂与溶液

(1)无水乙醇，化学纯以上。

(2)0.2mol/L 碘乙醇溶液：溶解分析纯的碘片 25 于 1L 无水乙醇中，放置 10d 后使用。

(3)0.1mol/L 硫代硫酸钠标准溶液。

(4)淀粉指示剂。

4. 操作程序

按表 4-6 的量称取油脂样品，置于碘量瓶中，加无水乙醇 10～15mL，使样品完全溶解。如果不易溶解可置于水浴上加温到 50～60℃至完全溶解，冷却。

表 4-6　不同碘值宜称取油脂样品的数量

碘值	称取油脂的质量/g	碘值	称取油脂的质量/g
<20	1.2000～1.2200	120～140	0.1900～0.2100
20～40	0.7000～0.7200	140～160	0.1700～0.1900
40～60	0.4700～0.4900	160～180	0.1500～0.1700
60～80	0.3500～0.3700	180～200	0.1400～0.1500
80～100	0.2500～0.3000	>	0.1000～0.1400
100～120	0.2300～0.2500	—	—

精确移取 25mL 碘乙醇溶液，注入已完全溶解并彻底冷却了的样品液中，加水 20mL，塞紧瓶塞，充分摇荡，使成乳浊状，放置阴凉处 5min。然后以硫代硫酸钠标准溶液滴定到浅黄色，加 1%淀粉液约 1mL，继续滴定到蓝色消失，即为终点。同时做空白试验。

5. 结果表示

样品的碘值 IV 按式(4-4)计算。

$$IV=\frac{M\times(V_0-V_1)\times c}{m\times1000} \tag{4-4}$$

式中：IV—样品的碘值(g/100g)；

C—硫代硫酸钠标准溶液的实际浓度(mol/L)；

V_0—空白试验消耗硫代硫酸钠标准溶液的体积(mL)；

V_1—样品消耗硫代硫酸钠标准溶液的体积(mL)；

M—$1/2I_2$ 的摩尔质量，126.9g/mol；

M—样品的质量(g)。

取平行结果平均值为测定结果。两次平行试验结果允许差不超过1%。

三、相关知识技能要点

(1)规范、正确使用相关仪器。
(2)能正确完成油脂碘值测定的基本操作。
(3)检验报告的设计与书写。
(4)容量仪器校正方法。
(5)油脂碘值测定的原理和方法。

四、观察与思考

(1)本实验的误差来源有哪些?
(2)油脂碘值测定的方法有哪些?

五、参考资料

(GB/T 5532－2008)动植物油脂碘值的测定。

第五章　香精香料的检验

第一节　香精香料概述

一、基本概念

香料(perfume)是能被嗅觉和味觉感觉出芳香气息或滋味的物质，单一的香料大多气味比较单调，不能单独地直接使用。香精亦称调和香料，是由人工调配制成的香料混合物。

香精香料的用途有食品、烟酒制品、医药制品、化妆品、洗涤剂、香皂、牙膏等各种行业；香水的生产更是直接依赖于香精香料；塑料、橡胶、皮革、纸张、油墨乃至饲料的生产中，都要使用香精。近年来出现的香疗保健用品，通过直接吸入飘逸的香气或香料与皮肤接触，使人产生有益的生理反应，从而达到防病、保健、振奋精神的作用。

二、香料的分类

按照其来源及加工方法分为天然香料和人造香料，进一步可细分为：动物性天然香料、植物性天然香料、单离香料、合成香料及半合成香料。

(1)植物性天然香料：以芳香植物的采香部位(花、枝、叶、草、根、皮、茎、籽、果等)为原料，用水蒸气蒸馏、浸提、吸收、压榨等方法生产出来的精油、浸膏、酊剂、香脂等。

(2)动物性天然香料：动物的分泌物或排泄物，实际经常应用的只有麝香、灵猫香、海狸香和龙涎香 4 种。

(3)单离香料：使用物理或化学方法从天然香料中分离提纯的单体香料化合物，例如用重结晶方法从薄荷油中分离出来的薄荷醇(俗称薄荷脑)。

(4)合成香料：通过化学反应制取的香料化合物，特指以石油化工基本原料及煤化工基本原料为起点经过多步合成反应而制取的香料产品。

(5)半合成香料：指以单离香料或植物性天然香料为反应原料制成其衍生物而得到的香料化合物。近年来松节油已成为最重要的生产半合成香料的原料，其产品在合成香料产品中占有相当大的比重。

三、香精的配制

香精的生产工艺包括配方的拟定和批量生产的配制工艺。香精的应用包括香型和形态两方面的要求，香型的确定主要是通过配方的拟定来解决的，而香精的形态则主要是通过批量生产中的特定工艺来实现的。

香型是香精的主体香气，而香韵则是指由于一些次要组分的加入而赋予香精的浓郁而丰润、美妙而富于变化、活泼而富于魅力的独特感受。香型和香韵都是通过配方的拟定来实现的。

四、香精的组成和作用

香料对于香型香韵的基本组成和作用如下：

(1)主香剂，是决定香精香型的基本原料，在多数情况下，一种香精含有多种主香剂。

(2)合香剂，亦称协调剂，其基本作用是调和香精中各种主香剂的香气，使主体香气更加浓郁。

(3)定香剂，亦称保香剂，是一些本身不易挥发的香料，它们能抑制其他易挥发组分的挥发，从而使各种香料挥发均匀，香味持久。

(4)修饰剂，亦称变调剂，是一些香型与主香剂不同的香料，少量添加于香精之中可使香料格调变化，别具风韵。

(5)稀释剂，常用乙醇，此外还有苯甲醇、二丙基二醇、二辛基己二酸酯等。

香料在香精中的挥发性可将香料分为头香、体香和基香。

(1)头香：对香精嗅辨时最初片刻所感到的香气。为了给人一个良好的第一印象，总是有意识地添加一些挥发度高、香气扩散力好的香料，使香精轻快活泼、富于想象力。这些香料称为头香剂，常用有辛醛、壬醛、癸醛、十一醛、十二醛等高级脂肪醛以及柑橘油、柠檬油、橙叶油等天然精油。

(2)基香：亦称尾香，指在香精挥发过程中最后残留的香气，一般可持续数日之久。基香香料挥发度很低，就是定香剂。

(3)体香：是挥发度介于头香剂和定香剂之间的香料所散发的反映香精主体香型的香气，也就是头香过后立即能嗅到的香气。其持续时间明显地短于基香而长于头香，这种持续稳定的香气特征是由主香剂等香精的主要组成部分决定的。

第二节　市售香精香料质量检验——香气评定

一、典型产品

本项目主要评定对象为香精。香精是利用多种天然香料和合成香料调配而成的香料混合物。香精一般作为辅助原料，主要用于日用化学品、食品、烟酒制品、橡胶、塑料、涂料、胶水。

(一)按形态分类

(1)水溶性香精：常用40％～60％的乙醇水为溶剂，所含的各种组分必须能溶于这类溶剂中。用于香水、汽水、冰淇淋、果汁、果冻。

(2)油溶性香精：一是天然油脂，如花生油；二是有机溶剂，如苯甲醇、甘油三乙酸酯等。

(3)乳化香精：在蒸馏水中添加少量香料，加入表面活性剂和稳定剂经加工制成乳液，乳化抑制了香料的挥发，改善加香产品的性状。用于糕点、巧克力、奶糖、冰淇淋，在发乳、发膏、粉蜜等化妆品中也常用。

(二)按香型分类

(1)花香型香精：以模仿天然花香为特点，如玫瑰、茉莉、铃兰、郁金香、紫罗兰、薰衣草等。

(2)非花香型香精：以模仿非花的天然物质为特点，如檀香、松香、麝香、皮革香、蜜香、薄荷香等。

(3)果香型香精：以模仿各种果实的气味为特点，如橘子、柠檬、香蕉、苹果、梨子、草莓等。

(4)酒用香型香精：有柑橘酒香、杜松酒香、老姆酒香、白兰地酒香、威士忌酒香等。

(5)烟用香型香精：如蜜香、薄荷香、可可香、马尼拉香型、哈瓦那香型、山茶花香型。

(6)食用香型香精：如咖啡香、巧克力香、奶油香、奶酪香、杏仁香、胡桃香、坚果香、肉味香等。

(7)幻想型香精：由调香师根据丰富的经验和美妙的幻想，巧妙地调和各种香料尤其是使用人工合成香料而创造的新香型。幻想型香精大多用于化妆品，往往冠以优雅抒情的称号，如素心兰、水仙、古龙、巴黎之夜、圣诞之夜等。

二、项目来源和任务书

项目来源和任务书详见表5-1。

表5-1　香精香料质量检验项目任务书

工作任务	市售香精香料质量检验——香气评定
项目情景	市质监局对一批香精香料进行抽样检查，分析产品是否合格
任务描述	对该批香精香料的香气进行评定，以判断其质量
目标要求	(1)能按要求独立设计报告，并形成规范电子文稿； (2)能独立完成香气评定法的设计； (3)能对测定结果进行正确记录和处理
任务依据	(GB/T 14454.2—2008)香料・香气评定法
学生角色	市质监局检验科室人员

三、基本原理和实施方案

三角评析法基本原理：将待检试样与标样进行比较，根据两者之间的香气显性差异来评估待检试样的香气是否可接受。

根据感官分析方法中三点检验法的数学统计模型，在最低的显著水平是5%的情况下，评价员轮流独立地对准备好的辨香纸进行评析，出示抽出的辨香纸标记符号给主持者，由主持者记录，不讨论。每人进行3次(勿重复进行)，分别对样品的头香、体香和尾香进行评析。把每次评析都视作一次独立判定，如果为5人的话，共评析15次，如果抽出正确的辨香纸低于9次，则低于最低的显著水平5%，可判断待检试样的香气与标样有差异，但在可接受范围内。因此，本方法的操作需由不少于5位(最佳7位，单数。具体的评价员数及其判断临界值见表1)、经培训合格的或是嗅觉灵敏的评价员组成的评析小组进行。一次评析的样品量不应超过15个，以确保评价员集中精力。

实施方案：以小组为单位，自行设计方案。

四、相关标准解读

(GB/T 14454.2—2008)香料标准检验方法，对香精香料中香气评定进行了规定。

GB/T 14454的本部分的第一法规定了采用三角评析法来评析和判定待检试样的香气与标样之间的差别，适用于香料香气的常规控制。

本部分的第二法规定了采用成对比较检验法来评析和判定待检试样的香气与标准样品之间的差别。

(一)香料中香气评定法——三角评析法

1. 术语和定义

下列术语和定义适用于 GB/T 14454 的本部分。

(1)三角评析法(method of triangle valuation)

将 4 根辨香纸分别标记,用其中 2 根辨香纸蘸取待检试样,用另外 2 根辨香纸蘸取标样,混合这 4 根辨香纸。任意抽走 1 根,保留 3 根,让评价员找出香气不同的那根辨香纸。

(2)湿法(wet method)

对刚准备好(蘸取样品后 10min 以内)的辨香纸进行评析,称为湿法。

(3)干法(dry method)

对准备较长时间后(30min 以后、48h 之内)的辨香纸进行评析,称为干法。

2. 评析前的准备

(1)评析室

①内部设施均应由无味、不吸附和不散发气味的建筑材料构成,室中应具有洗漱设备。

②评析室应紧邻样品制备区,墙壁的颜色和内部设施的颜色应为中性色。推荐使用乳白色或中性浅灰色。

③应控制噪声,避免评价员在评析过程中受干扰。应有适宜的通风装置,避免气息残留在评析室中。

④照明应是可调控的和均匀的,并且有足够的亮度以利于评析。推荐灯的色温为 6500K。

⑤温度和湿度应适宜并保持相对稳定。工作桌椅应尽量让评价员感觉舒适。

(2)评价员

①评价员的选择

(a)评价员应身体健康,具有正常的嗅觉敏感性和从事感官分析的兴趣;

(b)对所评析的产品具有一定的专业知识,且无偏见;

(c)无明显个人体味。

②评价员的培训

(a)挑选不同香型的样品 3~4 个并构成香型组(如甜香、清香、花香),然后反复使评价员熟记。

(b)对评价员已熟记的香型进行稀释,然后让评价员排出强弱差别,可逐渐增加稀释倍数以提高辨香难度。

(c)以上培训需长期坚持,每年用盲样对评价员进行测试。

③评价员评香前的要求

(a)每次评析前须洗手,身上不带异味(包括不实用加香的化妆品);

(b)不能过饥或过饱;

(c)在评价前后不抽烟,不吃东西,但可以喝水;

(d)身体不适时不能参与评香。

(3)溶剂

需要时,按不同香料品种选用乙醇、苄醇、苯甲酸苄酯、邻苯二甲酸二乙酯、十四酸异丙酯、水等作为溶剂。

(4)辨香纸

干净、无污染的辨香纸。用质量好的无嗅吸水纸(厚度约 0.5mm),切成宽 0.5~0.8cm、长 10~15cm 条形。

(5)标样(或上批次样品)和待检试样

准备好所需标样和待检试样。

(6)辨香纸支架

支架用于固定辨香纸。

3.操作程序

(1)液体香料

①主持者应先确保评析环境符合要求,然后通知评析小组成员,时间最好选择上午或下午的中间时段。

②准备好标样和待检试样(可将样品倒入干净、无异杂香气的容器中),并可提前准备好干法辨香纸。

③主持者将 4 根辨香纸不蘸取样品的一端用独特的代号/符号进行标记。

④取 2 根标记过的辨香纸浸入标样中约 1cm 蘸取料液,在标样容器口尽量把多余的料液刮掉,辨香纸从标样中拿出后勿将蘸有料液的一端向上竖放,避免多余的料液下淌。主持者记录其代号/符号。

⑤取另 2 根标记过的辨香纸浸入待检试样中,蘸取料液的高度应与标样一致。主持者记录其代号/符号。

如果不能确保蘸取同样高度的话,最好将 4 根辨香纸都单独蘸取。避免评价员从蘸取料液的高度上进行鉴别。如果两个样品在辨香纸上出现可见的色差时,调暗评析室的亮度。

⑥由主持者将 4 根蘸有样品的辨香纸交叉混合,此过程应避免蘸有样品的一端相互接触、污染。任意抽出 1 根放置一旁,保留其余 3 根辨香纸支架置在辨香纸支架上,交给评价员评析。

⑦在评析时须注意,辨香纸距鼻子需保持 1~2cm 的距离,且勿让辨香纸接触鼻子,缓缓吸入。在感觉到嗅觉疲劳时,评价员可嗅一下自己的衣袖。

⑧剩下的 3 根辨香纸中必然有 1 根蘸取的料液是来自不同的样品,评价员根

据自己的嗅感寻找香气不同的辨香纸。

⑨如评析小组集中进行评价，在评析过程中评价员应不相互讨论，且需对同一组标样和待检试样进行3轮蘸取和评析。每位评价员需在大约30min内，每隔10min寻找一次香气不同的辨香纸，主持者只记录评价员每一轮评析所找出辨香纸的代号/符合。

(2)固体香料

①固体香料可直接用干净、无异样杂气的白纸标记后放置样品，直接进行评析。大块的晶体样品应碾压粉碎后再进行评析

②固体香料也可用溶剂将标样和待检试样稀释成相同浓度的溶液后，用辨香纸进行评析。

表5-2　二项分布显著性分析

评价员数	评价次数	临界值
5	15	9
6	18	10
7	21	12
8	24	13
9	27	14
10	30	15
11	33	17

4.结果的表述

(1)如果不是小组成员集中进行评析，评价员应根据自己的评析结果给出意见：

①与标样相符；

②与标样有一定的差异，但可接受；

③与标样差异明显，拒绝。

应至少有5位评价员参与，最终的结果综合评价员的意见见表5-2。

(2)如5人参与评析，1人的意见是“拒绝”，4人的意见是“与标样有一定的差异，但可接受”，则最终判定“与标样有一定的差异，但可接受”。

(3)如果是小组成员集中进行评析，则根据三角评析时抽出的那根辨香纸是否正确来判定。如果评价员从留下的3根辨香纸中抽出的那根就是来自不同样品时，则结果视为正确。

(4)结果分析。原假设：不可能更具特性强度将两者试样区别开，在这种情况下识别正确的概率 $P_c=1/3$。

(5)如果标样与待检试样的评析结果显示待检试样不在可接受的范围内，而待检试样经过验证后，确认为具有代表性的正确样品时，则再用上批次的样品与待检试样进行评析，以排除标样在被污染、陈化、变质等情况下，对待检试样的香气产生误判。

(二)香料中香气评定法——成对比较检验法

1.原理

通过评香，评定待检试样的香气是否与标准样品相符，并注意辨别其香气浓淡、强弱、杂气、掺杂和。

2.标准样品、溶剂和辨香纸

(1)标准样品

选择最能代表当前生产质量水平的各种香料产品作为标准样品。当质量有变动时，应及时更换。

不同品种、不同工艺方法和不同地区的天然香料，用不同原料制成的单离香料，或不同工艺路线制成的合成香料，以及不同规格的香料，均应分别确定标准样品。

标准样品由企业技术、质检部门和/或顾客共同确定。

标准样品应置于清洁干燥密闭的惰性容器中，装满(或充氮气)，避光保存，防止香气污染，并应符合有关部门的规定。

(2)溶剂

需要时，按不同香料品种选用乙醇、苄醇、苯甲酸苄酯、邻苯二甲酸二乙酯、十四酸异丙酯、水等作为溶剂。

(3)辨香纸

干净、无污染的辨香纸。用质量好的无嗅吸水纸(厚度约 0.5mm)，切成宽 0.5～0.8cm、长 10～15cm 条形。

3.操作程序

在空气清新无杂气的评香室内，先将等量的待检试样和标准样品分别放在相同而洁净无臭的容器中，进行评香，包括瓶口的香气比较，然后再按下列两类香料分别进行评定。

(1)液体香料

用辨香纸分别蘸取容器内待检试样与标准样品约 1～2cm(两者须接近等量)，然后用嗅觉进行评香。除蘸好后立刻辨其香气外，并应辨别其在挥发过程中全部香气是否与标准样品相符，有无异杂气。天然香料更应评比其挥发过程中的头香、体香、尾香，以全面评定其香气质量。

对于不易直接辨别其香气质量的产品，可先以不同溶剂溶解，并将待检试样与标准样品分别稀释至相同浓度，然后再蘸在辨香纸上，待溶剂挥发后按本条规定的方法及时进行评香。

(2)固体香料

固体香料的待检试样和标准样品可直接进行香气评定。香气浓烈者可选用适当溶剂溶解并稀释至相同浓度，然后蘸在辨香纸上按本条规定的方法评香。

必要时，固体和液体香料的香气评定可用等量的待检试样和标准样品，通过试配香精或实物加香后进行评香。

4.结果的表述

香气评定结果可用分数表示(满分为40分)或选用纯正(39.1～40.0分)、较纯正(36.0～39.0分)、可以(32.0～35.9分)、尚可(28.0～31.9分)、及格(24.0～27.9分)和不及格(24.0分以下)表述。

五、数据记录处理和检验报告

以小组为单位,自行设计原始记录和报告格式。原始记录可参考表5-3。

表5-3　香精香料香气评价

<table>
<tr><td>样品名称</td><td colspan="3"></td><td>评价员</td><td colspan="6"></td><td colspan="2">评价日期</td><td colspan="3"></td></tr>
<tr><td>样号</td><td colspan="3">评价员1</td><td colspan="3">评价员2</td><td colspan="3">评价员3</td><td colspan="3">评价员4</td><td colspan="3">评价员5</td></tr>
<tr><td rowspan="2">1</td><td>头香</td><td>体香</td><td>尾香</td><td>头香</td><td>体香</td><td>尾香</td><td>头香</td><td>体香</td><td>尾香</td><td>头香</td><td>体香</td><td>尾香</td><td>头香</td><td>体香</td><td>尾香</td></tr>
<tr><td></td><td></td><td></td><td></td><td></td><td></td><td></td><td></td><td></td><td></td><td></td><td></td><td></td><td></td><td></td></tr>
<tr><td>结论</td><td colspan="15">结果可用以下符合填写:</td></tr>
<tr><td rowspan="2">2</td><td>头香</td><td>体香</td><td>尾香</td><td>头香</td><td>体香</td><td>尾香</td><td>头香</td><td>体香</td><td>尾香</td><td>头香</td><td>体香</td><td>尾香</td><td>头香</td><td>体香</td><td>尾香</td></tr>
<tr><td></td><td></td><td></td><td></td><td></td><td></td><td></td><td></td><td></td><td></td><td></td><td></td><td></td><td></td><td></td></tr>
<tr><td>结论</td><td colspan="15"></td></tr>
<tr><td>备注</td><td colspan="15">"√"表示与标样相符
"="表示与标样有一定的差异,但可接受
"×"表示与标样差异明显,拒绝</td></tr>
</table>

六、相关知识技能要点

(1)规范、正确使用辨香纸等检验仪器。

(2)能正确完成香精香料香气评定。

(3)检验报告的设计与书写。

(4)三角评析法原理、操作程序。

(5)成对比较检验法原理、操作程序。

七、观察与思考

(1)三角评析法的操作程序有哪些?

(2)成对比较检验法的操作程序有哪些?

(3)三角评析法的原理是什么?

(4)如果有7人参与评析,几次是临界值?

八、参考资料

GBT 14454.2—2008 香料中香气评定法。

第三节 市售香料质量检验——香料折光指数的测定

典型产品参见香气评定中的典型产品。

一、项目来源和任务书

项目来源和任务书详见表5-4。

表5-4 市售香料质量检验项目任务书

工作任务	市售香料质量检验——香料折光指数的测定
项目情景	市质监局对一批香料进行抽样检查,分析产品是否合格
任务描述	对该批香料折光指数进行测定,以判断其质量
目标要求	(1)能按要求独立设计报告,并形成规范电子文稿; (2)能独立完成阿贝折光仪条件设定及样品基本操作; (3)能确定试验条件,定性和定量分析; (4)能对测定数据进行正确记录和处理
任务依据	(GB/T 14454)香料折光指数的测定
学生角色	市质监局检验科室人员

二、基本原理和实施方案

(1)折光指数(折射率):当具有一定波长的光线从空气射入保持在恒定的温度下的液体香料时,入射角的正弦与折射角的正弦之比。

(2)测定意义:是物质的重要光学常数之一,能借以了解物质的光学性能、纯度及色散大小等。

(3)阿贝折光仪:是石油工业、油脂工业、制药工业、制漆工业、日用化学工业、制糖工业和地质勘查等有关工厂、学校及有关科研单位不可缺少的常用设备之一。

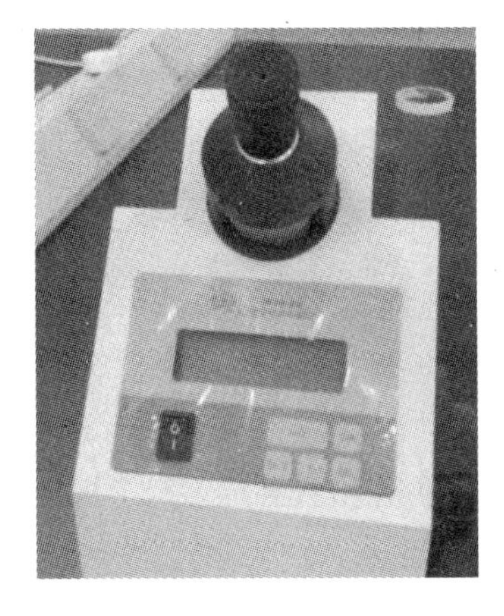

图 5-1　阿贝折光仪

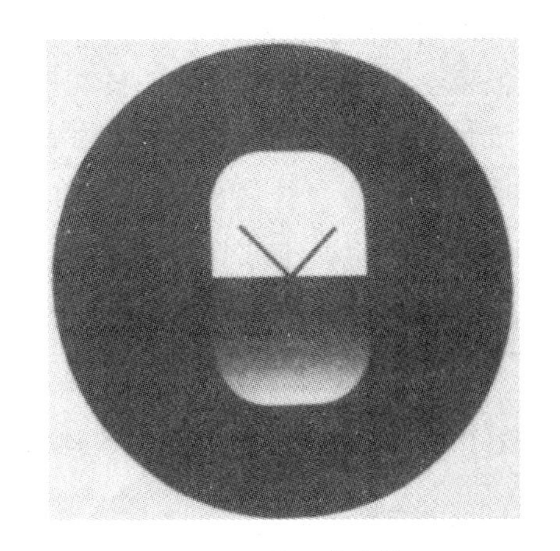

图 5-2　调节准确点位置

(4)操作步骤及使用方法。

①按下"POWER"波形电源开关,聚光照明部件中照明灯亮,同时显示窗显示00000。有时先显示"一",数秒后显示 00000。

②打开折射棱镜部件,向左打开。

③检查上、下棱镜面,用脱脂棉花蘸取无水酒精轻擦干净,以免留有其他物质,影响成像清晰度和测量准确度。测定每一个样品以后也要仔细清洁两块棱镜表面。

④将被测样品放在下面的折射棱镜的工作表面上。如样品为液体,可用干净滴管吸 1～2 滴液体样品放在棱镜工作表面上,然后将上面的进光棱镜盖上。

⑤旋转聚光照明部件的转臂和聚光镜筒,使上面的进光棱镜的进光表面(测液体样品)得到均匀照明。

⑥通过目镜观察视场,同时旋转调节手轮,使明暗分界线落在交叉线视场中,并不带任何彩色。如从目镜中看到视场是暗的,可将调节手轮逆时针旋转。看到视场是明亮的,则将调节手轮顺时针旋转。明亮区域是在视场的顶部。在明亮视场情况下可旋转目镜,调节视度看清晰交叉线。

⑦旋转目镜方缺口里的色散校正手轮,同时调节聚光镜位置,使视场中明暗两部分具有良好的反差和明暗分界线具有最小的色散。

⑧旋转调节手轮,使明暗分界线准确对准交叉线的交点。

⑨按"READ"读数显示键,显示窗中 00000 消失,显示"一"数秒后"一"消失,显示被测样品的折射率。

⑩样品测量结束后,必须用酒精或水(样品为糖溶液)进行小心清洁。

⑪本仪器折射棱镜中有通恒温水结构,如需测定样品在某一特定温度下的折射率,仪器可外接恒温器,将温度调节到你所需温度再进行测量。

⑫仪器校正:仪器定期进行校准,或对测量数据有怀疑时,也可以对仪器进行

校准。校准用蒸馏水或玻璃标准块。如测量数据与标准有误差,可用钟表螺丝刀通过色散校正手轮中的小孔,小心旋转里面的螺钉,使分划板上交叉线上下移动,然后再进行测量,直到测数符合要求为止。样品为标准块时,测数要符合标准块上所标定的数据。

实施方案:以小组为单位,自行设计方案。

三、相关标准解读

GB/T 14454 香料折光指数的测定,对香料中折光指数测定进行了规定。

香料折光指数的测定

1.范围

GB/T 14454 的本部分规定了测定香料折光指数的方法。

2.规范性引用文件

下列文件中的条款通过 GB/T 14454 的本部分的引用而成为本部分的条款。凡是注日期的引用文件,其随后所有的修改单(不包括勘误的内容)或修订版均不适用于本部分。然而,鼓励根据本部分达成协议的各方研究是否可使用这些文件的最新版本。凡是不注日期的引用文件,其最新版本适用于本部分。

3.术语与定义

折光指数:当具有一定波长的光线从空气射入保持在恒定的温度下的液体香料时,入射角的正弦折射角的正弦之比。

注:波长规定为(589±0.3)nm,相当于钠光谱中的 D_1 与 D_2 线。

4.原理

按照所有仪器的类型,直接测量折射角或者观察全反射的临界线,香料应保持各向同性和透明性的状态。

5.试剂

(1)所有的试剂为分析纯试剂,水为蒸馏水和纯度相当的水。

(2)标准物质,测折光知识(RI)用的试剂,用于校正折光仪。如下:

①蒸馏水,20℃时的折光指数为 1.3330;

②对异本基甲苯,20℃的折光指数为 1.4906;

③苯甲酸苄酯,20℃的折光指数 1.5685;

⑤1-溴萘,20℃时的折光指数为 1.6585。

6.仪器

实验室常用仪器,特别是下列仪器:

(1)折光仪,可直接读出 1.3000～1.7000 范围内的折光指数,精密度为±0.0002。

(2)恒温器或可恒定温度的装置,保证循环水流通过折光仪时能保持它在规定的测定温度±0.2℃以内。

(3)光源,钠光。

注:用漫射日光或电灯光作折光仪光源时,应使用消色补偿棱镜。

(4)玻璃片(供选用),已知折光指数。

7.操作程序

(1)试样制备

按 GB/T 14454.1 的规定,试样温度要接近测定温度。

(2)折光仪的校准

①通过测定标准物质的折光指数来校准折光仪。

注:有些仪器可按仪器制造商提供的指南直接用玻璃片调节。

②保持折光仪的温度恒定在规定的测定温度上。

在测定过程中,该温度的波动范围应在规定的温度±0.2℃内。

参考温度为 20℃,除了那些在 20℃时为非液体的香料,根据这些香料的熔点,可在 25℃或 30℃进行测定。

8.测定

将制备的试样放入折光仪。待温度稳定后,进行测定。

9.结果的表述

按式(5-1)计算在规定温度 t 下的折光指数 n_D:

$$n_D = n'_D + 0.004(t' - t) \tag{5-1}$$

式中,n'_D 是在 t' 温度下测得的读数。

结果表示至小数点后四位,平行试验结果允许差为 0.0002。

10.试验报告

试验报告应包括:

(1)所用的测试方法;

(2)所得到的测试结果;

(3)如果重复性已得到核实,最后所得到的结果。

试验报告还应该说明本部分中未规定的任何操作条件或被认为可选用的操作条件,以及可能影响测试结果的任何事件。

试验报告应包括对样品的完全鉴别所需要的所有详情。

四、数据记录处理和检验报告

以小组为单位,自行设计原始记录和报告格式。原始记录可参考表 5-5。

表 5-5 香精折光指数测定

样号名称	n'_D	t'	t	n^t_D	平均值	偏差
样品 1 标准品						
(　　　　)						
样品 1						
(　　　　)						
样品 2 标准品						
(　　　　)						
样品 2						
(　　　　)						
备注	最终值 n^t_D 是 25℃时的折光指数					
成绩						

五、相关知识技能要点

(1)规范、正确使用阿贝折光仪相关仪器。
(2)能正确完成香料折光指数测定方法。
(3)检验报告的设计与书写。
(4)阿贝折光仪结构,原理。
(5)阿贝折光仪操作程序及注意事项。

六、观察与思考

(1)阿贝折光仪的测定原理是什么?
(2)阿贝折光仪操作程序及注意事项有哪些?
(3)如何校准阿贝折光仪?
(4)如何计算温度 t 下的折光指数?

七、参考资料

GB/T 14454 香料折光指数的测定。

第六章　表面活性剂检验

表面活性剂是一类重要的精细化学品，广泛应用于化工、医药、环境、食品等领域。本章采用项目教学法，通过项目引导，使学生掌握表面活性剂原理、性能测定、指标检测等。

第一节　表面活性剂概述

表面活性剂(surfactant)，是指加入少量能使其溶液体系的界面状态发生明显变化的物质。无论何种表面活性剂，其分子结构均由两部分构成。分子的一端为非极亲油的疏水基，有时也称为亲油基；分子的另一端为极性亲水的亲水基，有时也称为疏油基。两类结构与性能截然相反的分子碎片或基团分处于同一分子的两端并以化学键相连接，形成了一种不对称的、极性的结构，因而赋予了该类特殊分子既亲水、又亲油，又不是整体亲水或亲油的特性。表面活性剂的这种特有结构通常称之为“双亲结构”(amphiphilic structure)，表面活性剂分子因而也常被称作“双亲分子”。

按极性基团的解离性质可将表面活性剂分为：

(1)阴离子表面活性剂：脂肪酸盐，十二烷基苯磺酸钠，甘胆酸钠，十二烷基硫酸钠；

(2)阳离子表面活性剂：季铵盐，胺盐；

(3)两性离子表面活性剂：卵磷脂，氨基酸型，甜菜碱型；

(4)非离子表面活性剂：脂肪酸甘油酯，脂肪酸山梨坦(司盘)，聚山梨酯(吐温)。

表面活性剂由于具有润湿或抗粘、乳化或破乳、起泡或消泡以及增溶、分散、洗涤、防腐、抗静电等一系列物理化学作用及相应的实际应用，成为一类灵活多样、用途广泛的精细化工产品。表面活性剂除了在日常生活中作为洗涤剂，其他应用几乎可以覆盖所有的精细化工领域。

一、阴离子表面活性剂

阴离子表面活性剂的英文化学术语为 anionic surfactant，是表面活性剂的一类。在水中解离后，生成憎水性阴离子。如脂肪醇硫酸钠在水分子的包围下，即解离为 RO—S 和 Na^+ 两部分，带负电荷的 RO—S ，具有表面活性。阴离子表面活性剂分为羧酸盐、硫酸酯盐、磺酸盐和磷酸酯盐四大类，具有较好的去污、发泡、分散、乳化、润湿等特性，广泛用作洗涤剂、起泡剂、润湿剂、乳化剂和分散剂。阴离子表面活性剂用量占表面活性剂总量的 76%～80%。不可与阳离子表面活性剂一同使用，会在水溶液中生成沉淀而失去效力。

二、阳离子表面活性剂

阳离子表面活性剂的用量极少，仅占整个表面活性剂用量的 2%～3%，主要因为价格太贵，洗涤能力很差。近年来，阳离子表面活性剂的用量逐渐增多，它主要用作柔软剂、乳化剂、抗静电剂、杀菌剂、缓蚀剂等。

它除具有表面活性外，还具有两个特点。①其水溶液具有很强的杀菌能力，因此常用作消毒、杀菌剂。如十二烷基二甲基苄基氯化铵（新洁尔灭），为非耐久性的卫生整理剂。②容易吸附在一般固体表面。因为在水介质内，固体表面（液固表面）常带有负电荷，因此阳离子表面活性剂强烈地吸附在界面上。能形成阳离子的元素有氧、氮、硫、磷等原子，其中氧鎓离子不稳定，铵、硫和磷鎓离子稳定存在，而最常用的是氮原子形成的阳离子。

阳离子表面活性剂一般是指含氮的阳离子表面活性剂，又可分为伯铵盐、仲胺盐、叔胺盐和季铵盐四种类型。伯、仲、叔胺盐（总称为胺盐类）在酸中溶解，水中溶解度低，而在碱中不溶解，故不能在碱液中使用。而季铵盐则既溶于酸也溶于碱液中。

在阳离子表面活性剂中，只有一个键与疏水性基团相连，其他两个键与低分子基团（如甲基）相连。所有阳离子表面活性剂均以伯胺为原料，逐步取代两个氢原子成为仲胺和叔胺，最后与烷基化试剂季铵化得季铵盐。阴离子（Cl^-、Br^-、$CH_3SO_4^-$ 等）对其性质也有一定影响。

三、非离子表面活性剂

非离子表面活性剂是含有羟基（—OH）和醚键（—O—），并以它们作为亲水基的一种表面活性剂。因为在溶液中不是离子状态，所以稳定性高，不易受强电解质无机盐类影响，也不易受酸碱的影响，和其他类型表面活性剂的相容性好，能很好地混合使用，在水及有机溶剂中都有较好的溶解性。由于在溶解中不电离，故在一般固体表面上不易发生强烈吸附。

如果根据亲水基种类对非离子表面活性剂分类，则可分成聚氧乙烯型和多元醇型。聚氧乙烯型非离子表面活性剂是在疏水基原料上加成数个环氧乙烷作为亲水基制成的非离子表面活性剂。这些聚氧乙烯型非离子表面活性剂有醚键与羟基两种亲水基，不过由于羟基只是在分子末端有一个，故亲水性极小，主要的亲水性能是由醚键来贡献的。因此，与一个疏水基相连的环氧乙烷的附加摩尔数(n)越多，醚键(—O—)数也越多，故亲水性越强，也更易溶于水。

多元醇型非离子表面活性剂是指丙三醇或季戊四醇等多元醇上连接高级脂肪酸那样的疏水基的产物，成为疏水基上连有许多羟基(—OH)的形式，它们是赋予亲水性的主角。

脂肪醇聚氧乙烯醚(AEO)用氢氧化钠做催化剂，长链脂肪醇在无水和无氧气存在的情况下与环氧乙烷发生开环聚合反应，就生成脂肪醇聚氧乙烯醚非离子表面活性剂。通式 $R-O-(CH_2CH_2O)_n-H$。

性能：AEO 中烷基链长不同，其亲油性不同，EO 数不同则水溶性不同。例如，椰油醇的产品可以作洗涤剂，而 C_{18} 醇的产品只能作乳化剂、匀染剂。天然醇比合成醇的产品去污性和乳化性要好，而合成醇的产品相对的水溶性好(奇碳原子的作用)。加入 EO 数越多，产品的水溶性越强。EO 数在 6 以下时的 AEO 为油溶性，超过 6 即为水溶性产品。EO 越多，产品的浊点也越低。

山梨醇脂肪酸酯类是一组历史悠久、用途广泛、技术成熟的产品，商品名称为司盘(Span)系列。产品主要包括失水山梨醇单月桂酸酯(Span-20)、失水山梨醇单棕榈酸酯(Span-40)、失水山梨醇单硬脂酸酯(Span-60)、失水山梨醇单油酸酯(Span-80)。这些产品不溶于水而溶于有机溶剂，无毒无味，HLB 值 8.6～4.3，可制备油包水的乳化体，是用途广泛的乳化剂、分散剂、增稠剂、防锈剂，在工业洗涤剂中用作助剂。

在司盘系列产品中，分别缩合约 20 个环氧乙烷，就成为相应的吐温系列。由于(EO)20 提高了产品的亲水性，它可以与司盘系列作为乳化剂对配伍使用，提高了乳状液的乳化稳定性；同时还可以作为增溶剂、稳定剂、扩散剂、抗静电剂、纤维润滑剂、润湿剂、柔软剂使用；在洗涤剂中也可作为助剂使用。

第二节 十二烷基硫酸钠临界胶束浓度(CMC)测定

表面活性剂在溶液中，低浓度时以单分子或者离子状态处于分散状态，达到一定浓度时，许多表面活性物质的分子立刻结合成很大的集团，形成“胶束”。以胶束形式存在于水中的表面活性物质是比较稳定的。表面活性物质在水中形成胶束所需的最低浓度称为临界胶束浓度(critical micelle concentration),简称 CMC。

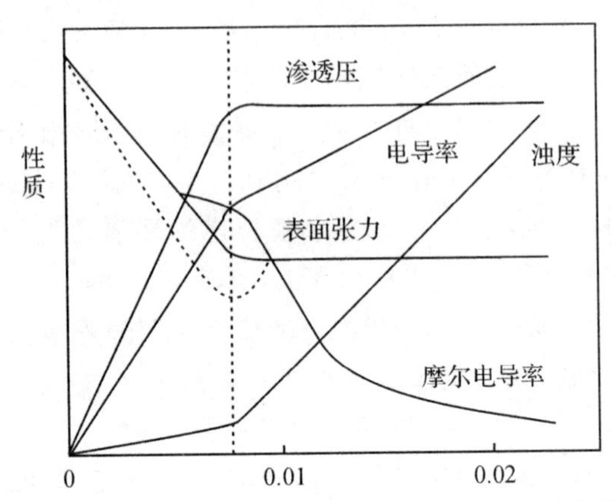

图 6-1 临界胶束浓度附近溶液物理及化学性质变化

CMC 可看作是表面活性剂对溶液的表面活性的一种量度。在 CMC 点上,由于溶液的结构改变导致其物理及化学性质(如表面张力,电导,渗透压,浊度,光学性质等)同浓度的关系曲线出现明显的转折,如图 6-1 所示。因此,通过测定溶液的某些物理性质的变化,可以测定 CMC。

一、典型产品——十二烷基硫酸钠(sodium dodecyl sulfate,SDS)

性质:白色或淡黄色粉状,易溶于水与阴离子、非离子复配伍性好,稳定性较差,不耐强酸、强碱和高温,生物降解快,对硬水不敏感。是一种无毒的阴离子表面活性剂,具有良好的乳化、发泡、渗透、去污和分散性能。

HLB:40,属于亲水基表面活性剂。表面活性剂为具有亲水基团和亲油基团的两种分子,表面活性剂分子中亲水基和亲油基之间的大小和力量平衡程度的量,定义为表面活性剂的亲水亲油平衡值。亲水亲油转折点 HLB 为 10,小于 10 为亲油性,大于 10 为亲水性。

危害:对粘膜和上呼吸道有刺激作用,对眼和皮肤有刺激作用,可引起呼吸系统过敏性反应。本品可燃,具刺激性,具致敏性。遇明火、高温可燃。受热分解放出有毒气体。有害燃烧产物:一氧化碳、二氧化碳、硫化物、氧化物。

用途:十二烷基硫酸钠具有优异的去污、乳化和发泡力,可用作洗涤剂和纺织助剂,也用作阴离子型表面活化剂、牙膏发泡剂,矿井灭火剂、灭火器的发泡剂,乳液聚合乳化剂,医药用乳化分散剂,洗发剂等化妆制品,羊毛净洗剂,丝毛类精品织物的洗涤剂。金属选矿的浮选剂。作为发泡剂被广泛应用于牙膏、肥皂、浴液、洗发香波、洗衣粉,以及化妆品中。95%的个人护肤用品和家居清洁用品中都含有十二烷基硫酸钠。

制备方法：大规模生产可用十二醇(月桂醇)与气相 SO_3 硫酸化后再中和而得。

具体工艺过程：$R-OH+SO_3 \rightarrow R-O-SO_3H+NaOH \rightarrow R-O-SO_3Na$

SO_3 气体质量分数为 4%～5%，SO_3 与脂肪醇的摩尔比为(1.02～1.03)：1，由于 K_{12} 的稳定性较差，硫酸化后必须立刻进行中和。

也可由十二醇(月桂醇)与氯磺酸反应得：

$$C_{12}H_{25}OH+SO_3 \longrightarrow C_{12}H_{25}OSO_3H$$

$$C_{12}H_{25}OH+ClSO_3H \longrightarrow C_{12}H_{25}OSO_3H+HCl$$

$$C_{12}H_{25}OSO_3H+NaOH \longrightarrow C_{12}H_{25}OSO_3Na+H_2O$$

其副反应为醇和盐酸生成氯烷：

$$ROH+HCl \longrightarrow RCl+H_2O$$

副反应随温度升高而升高，可以通过温度下降或快速移去生成的 HCl 抑制副产物的生成。

工艺特点：反应装置为管式反应器。首先用 HCl 把月桂醇进行饱和。用氯磺酸作磺化剂，反应缓和，放热量较小，易控制；产品纯度高；“三废”污染低。

工艺操作：月桂醇以 334g/mL，HCl 以 40.5g/min 通过计量器进入饱和室，然后在 21.4℃下将月桂醇的 HCl 溶液通入反应器与氯磺酸反应。反应物经汽液分离后，硫酸化产物从分离器底部流入中和釜。在 50℃下用 30%的 NaOH 中和得液体产品，喷雾干燥得固体产品。

喷雾干燥：将溶液、膏状物或含有微粒的悬浮液通过喷雾而成雾状细滴分散于热气流中，使水汽迅速气化而达到干燥的目的。

二、项目来源和任务书

项目来源和任务书详见表 6-1。

表 6-1 十二烷基硫酸钠临界胶束浓度(CMC)测定项目任务书

工作任务	电导法测定十二烷基硫酸钠的临界胶束浓度
项目情景	工厂检验科测定一批十二烷基硫酸钠的临界胶束浓度，确定产品性能，推进新产品性能改良
任务描述	利用合适的方法，对该批十二烷基硫酸钠的临界胶束浓度进行测定
目标要求	(1)能按要求独立设计报告，并形成规范电子文稿； (2)能独立完成电导率仪校准，及样品测定基本操作； (3)会进行溶液配制相关操作； (4)能对测定数据进行正确记录和处理
任务依据	(GB/T 11276－2007)表面活性剂临界胶束浓度的测定 (GB/T 15963－2008)十二烷基硫酸钠
学生角色	某工厂检验科室人员

三、基本原理和实施方案

(一)基本原理

测定CMC的方法很多,常用的有表面张力方法、电导法、染料法、增溶作用法、光散射法等。这些方法,原理上都是从溶液的物理化学性质随浓度变化关系出发求得。其中表面张力和电导法比较简便准确。

表面张力法除可求得CMC之外,还可以求出表面吸附等温线。此外还有一优点就是无论对于高表面活性还是低表面活性的表面活性剂,其CMC的测定都具有相似的灵敏度,此法不受无机盐的干扰,也适合非离子表面活性剂。

电导法是经典方法,简便可靠,只限于离子性表面活性剂。此法对于有较高活性的表面活性剂准确性高,但过量无机盐存在会降低测定灵敏度,因此配制溶液应该用电导水。

GB/T 11276—2007表面活性剂临界胶束浓度的测定,对表面活性剂的临界胶束浓度试验进行了规定。利用电导率仪测定一系列不同浓度的十二烷基硫酸钠水溶液的电导率,并作电导率与浓度的关系图,从图中的转折点即可求得临界胶束浓度,如图6-2所示。

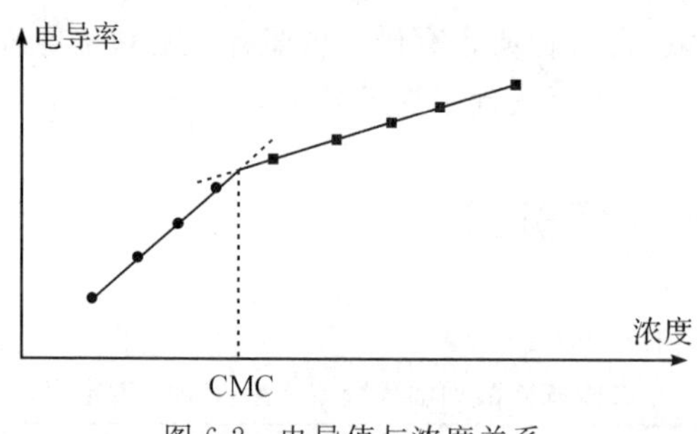

图6-2 电导值与浓度关系

(二)实施方案

1.仪器和试剂

电导率仪1台(附带电导电极1支),容量瓶(50mL)12只,氯化钾(分析纯),恒温水浴1套,十二烷基硫酸钠(分析纯),容量瓶(500mL)1只,重蒸馏水。

2.测试步骤

(1)用电导水或重蒸馏水准确配制0.01mol/L的KCl标准溶液,该溶液25℃电导率为1413μS/cm;

(2)十二烷基硫酸钠在80℃烘干3小时后,用电导水或重蒸馏水准确配成0.10mol/L的溶液;

(3)将 0.10mol/L 的十二烷基硫酸钠溶液准确稀释成浓度为 0.002、0.004、0.006、0.007、0.008、0.009、0.010、0.012、0.014、0.016、0.018 和 0.020mol/L 的溶液；

(4)将恒温水浴调整至需要的温度，并将待测溶液放在恒温水浴中恒温 1 小时；

(5)用 0.01mol/L 的 KCl 标准溶液校准电导率仪；

(6)用电导率仪从稀到浓分别测定上述各溶液的电导率。用后一个溶液荡洗存放过前一个溶液的电导电极和容器 3 次以上，每个溶液的电导率读数 3 次，取平均值；

(7)实验结束后用蒸馏水洗净试管和电极。

四、相关标准解读

电导率(conductivity)：是物理学概念，指在介质中该量与电场强度之积等于传导电流密度。对于各向同性介质，电导率是标量；对于各向异性介质，电导率是张量。生态学中，电导率是以数字表示的溶液传导电流的能力，在国际单位制中，电导率的单位称为西门子/米(S/m)，常用单位还有毫西门子每米(mS/m)、微西门子每厘米(μS/cm)。

电导率仪是测量溶液电导率的仪器，电导率的测量原理是将相互平行且距离是固定值 L 的两块极板(或圆柱电极)，放到被测溶液中，在极板的两端加上一定的电势(为了避免溶液电解，通常为正弦波电压，频率 1～3kHz)。然后通过电导仪测量极板间电导。一般情况下，电极常形成部分非均匀电场。此时，电极常数必须用标准溶液进行确定。标准溶液一般使用 KCl 溶液，这是因为 KCl 的电导率在不同的温度和浓度情况下非常稳定，准确。

五、数据记录处理和检验报告

以小组为单位，自行设计原始记录和报告格式。原始记录可参考表 6-2。

表 6-2　十二烷硫酸钠浓度和电导率的检验记录

温度：________　KCl 校准溶液浓度：________

编号	1	2	3	4	5	6	7	8	9	10	11	12
c(mol/L)												
电导率 K (μS/cm)												

六、相关知识技能要点

(1)规范、正确使用电导率仪等相关仪器。

(2)能正确完成临界胶束浓度分析方法。

(3)检验报告的设计与书写。

(4)电导率仪的基本结构,校正方法。

(5)临界胶束浓度测定方法和原理。

七、观察与思考

(1)若要知道所测得的临界胶束浓度是否准确,可用什么实验方法验证之?

(2)非离子型表面活性剂能否用本实验方法测定临界胶束浓度?若不能,则可用何种方法测之?

(3)试说出电导法测定临界胶束浓度的原理。

(4)实验中影响临界胶束浓度的因素有哪些?

八、参考资料

(一)STARTER 3100C 电导率仪操作

STARTER 3100C 是一款美国奥豪斯公司推出的 0.5 级(参考 JJG376.2007)的实验室台式电导率仪。STARTER 3100C 具有很多独特的设计,包括了创新易用的独立电极支架,报错蜂鸣器;配合四环电导电极让您的测量范围更广,结果更准确;另外还有 99 组存储数据,Rm32 可连接打印机打印,仪表自带快速操作指南。

1. 按键说明

STARTER 3100C 电导率仪的按键说明详见表 6-3。

表 6-3 按键说明

按键	短按	长按(大于 3 秒)
读数/确认	开始或终止测量 确认设置,保存参数数值	自动/手动终点方式
校准	开始校准	回显最后校准的电导电极的电极常数
退出	开机退回到测量画面	关机
存储	存储当前读数到数据库设定时增加数值 向上滚动查看数据库	回显存储的数据 打印当前回显的存储读数
模式	在电导率和 TDS、盐度模式间切换设定时减少数值向下滚动查看数据库	进入参数设置模式
校准+读数	开始自检	
存储+模式		开启/关闭屏幕背光

按键如有上下两行文字，如短按表示上行文字，长按（大于 3 秒）表示下行文字。

2. 电导率的测定一般流程

电导电极准备与清洗→仪表校准液设定→电导电极校准→样品准备与电极清洗→样品电导率值测量→读数终点确认→数据记录或打印。

3. 选择校准溶液

使用电导电极进行首次测量前，要先做校准。4 环电导电极经过校准后，一般相当长时间不需再校准。校准要选择和样品电导值最接近的标准液，否则会带来一定误差。

首先选择要校准的标准液值。长按模式键进入参数设置模式，按两次读数键。使用向上和向下键（即存储和模式键）在三个内设的标准液值中（84μS/cm，1413μS/cm 和 12.88mS/cm）选择您要校准的标准溶液值，尽可能选择与待测样品电导接近的标准液，按读数键确认选择。按退出键退回到测量状态。

仪表内置的标准溶液电导率分别为 84μS/cm、1413μS/cm 和 12.88mS/cm 在不同温度下的实际电导率是固化在仪表程序中的，具体见表 6-4。

表 6-4 标准溶液在不同温度下的电导率

T(℃)	Ⅰ(84μS/cm)	Ⅱ(1413μS/cm)	Ⅲ(12.88mS/cm)
5	53μS/cm	896μS/cm	8.22mS/cm
10	60μS/cm	1020μS/cm	9.33mS/cm
15	68μS/cm	1147μS/cm	10.48mS/cm
20	76μS/cm	1278μS/cm	11.67mS/cm
25	84μS/cm	1413μS/cm	12.88mS/cm
30	92μS/cm	1552μS/cm	14.12mS/cm
35	101μS/cm	1667μS/cm	15.39mS/cm

4. 电极校准

在 STARTER 3100C 选择要校准的标准溶液值后，开始进行电导电极校准。

首先确认连接好仪表和电导电极，电导电极经纯水冲洗并擦干；将电导电极放入相应的标准溶液中，按校准键开始校准。

待到达并锁定终点（自动终点或手动终点）后仪表显示校准液数值并显现电极常数 3 秒，然后返回样品测量状态。

注意：为了确保精确的电导率读数，应定期用标准液校准电导电极。请使用在有效期内的标准液。长按校准键可回显最近一次电导电极校准得的电极常数。显示 3 秒后自动回到测量界面。

空气中误校准操作：如果电导电极连接仪表后，在空气中就误按了校准键，则测量或再校准时屏幕会一直显示“———”，有时出现 Err02，表示数值超出范围。回显最后校准的电极常数一般不在正常范围内。此情况下可先恢复出厂设置再重新校准。

5.样品测量

确认连接好仪表电源和电导电极，电导电极经纯水冲洗并擦干；将电导电极放入待测样品中，按读数键开始测量。自动或手动到达并锁定终点后即可读取测量值。

如自动终点模式下重复性较差，建议使用手动终点模式。

6.恢复出厂设定

仪器在关机状态下，同时按住退出、读数和校准键，长按直到仪器显示 RST，表示“RESET”，此时再按读数键即可重置仪器到出厂状态，显示 YES 后自动重启开机。

(二)QBZY-1 型表面张力仪

1.表面张力

早晨荷叶上的露珠、杯子中的弧形水面均是表面张力现象。在液体内部，每个分子在每个方向都受到邻近分子的吸引力(也包括排斥力)，因此，液体内部分子受到的分子力合力为零。然而，在液体与气体的分界面上的液体分子在各个方向受到的引力是不均衡的，造成表面层中的分子受到指向液体内部的吸引力，并且有一些分子被“拉”到液体内部。因此，液体会有缩小液面面积的趋势，在宏观上的表现即为表面张力现象。

图 6-3 表面张力

表面张力的量纲是单位长度的力和单位面积的能，牛顿/米(N/m)，但仍常用达因/厘米(dyn/cm)，1dyn/cm $=1\times10^{-3}$ N/m。

2.铂金板法测定表面张力操作步骤

(1)测试前打开主机电源，预热主机 30min。

(2)根据被测试样的粘度大小，设定浮力修正值，一般经验参数为：低粘度(≤1000mPa·s)试样设为 5.0；高粘度(>1000mPa·s)试样设为 8.0。可通过“设定1”和“设定 2”按键设定。

(3)使用前将所附吊钩挂至吊钩上，按“去皮”键归零。

(4)校正表面张力仪：按“校正”键，即按“CAL”，挂上随机所附的标准砝码。5秒钟左右即出现“600.00nN/m”，听到“嘟”声后校正结束。

(5)取下标准砝码显示屏应归零；若不归零应重新校正。

(6)清洗铂金板,并挂好铂金板。铂金板先用蒸馏水清洗,再用酒精灯呈45度角烧通红时结束(约20秒),并挂好待用。测试前玻璃皿应清洗并烘干,测试时应先取少许被测样品润湿玻璃皿。

(7)在玻璃皿中加入待测液体,将玻璃皿放置于样品台上。放之前请目测铂金板挂的高度,不要让其浸没在液体中。

(8)去皮,并调节"手动/自动"按键灯亮,灯亮表示自动,灯暗表示手动。

(9)按"向上"键自动测定表面张力,待显示屏数值稳定后即可读数。

(10)完成测试,按"向下"键完成一次测定。

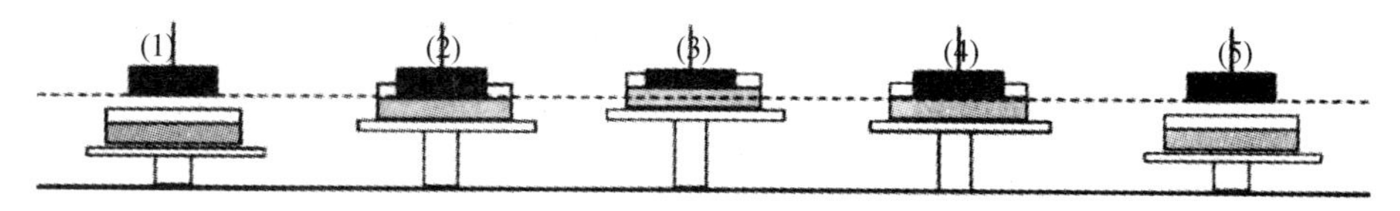

图6-4　表面张力的测定

3.表面张力法测定临界胶束浓度步骤

(1)配制包括临界胶束浓度在内的6个接近的不同浓度的新鲜溶液,放置于20℃静置恒温3h,测定样品表面张力。

(2)取表面张力值为纵坐标,以每克数表示的浓度的对数作横坐标,绘制曲线。临界胶束浓度相当于曲线上斜率突变点。

第三节　表面活性剂发泡力的测定(Ross-Miles法)

一、项目来源和任务书

项目来源和任务书详见表6-5。

表6-5　表面活性剂发泡力的测定项目任务书

工作任务	测定一批表面活性剂的发泡力
项目情景	工厂研发了一批新型表面活性剂,对其发泡力进行测定,确定产品性能
任务描述	对该批表面活性剂的发泡力进行测定
目标要求	(1)能按要求独立设计报告,并形成规范电子文稿; (2)能正确、独立完成发泡力测定操作的全过程; (3)会进行溶液配制相关操作; (4)能根据发泡力大小对产品性能进行判断
任务依据	(GB/T 5327—2008)表面活性剂术语 (GB/T 7462—94)表面活性剂发泡力的测定改进Ross-Miles法 (GB/T 6367—2012)表面活性剂已知钙硬度水的制备
学生角色	某工厂检验科室人员

二、基本原理和实施方案

发泡力是表面活性剂发泡性能的量度。表面活性剂泡沫性能的测定方法有搅动法、气流法、倾注法等。国际标准(ISO 696—1975)和国家标准(GB/T 7462—94)中采用的是罗氏泡沫仪的方法。

GB/T 7462—94 表面活性剂发泡力的测定改进 Ross-Miles 法,规定了一种测量表面活性剂发泡力的方法。本标准适用于所有表面活性剂。然而测量易于水解的表面活性剂溶液的发泡力,不能给出可靠的结果,因为水解物聚集在液膜中,并影响泡沫的持久性。

本标准不适用于非常稀的表面活性剂溶液发泡力的测量,例如含有表面活性剂的河水。

(一)原理

使 500mL 表面活性剂溶液从 450mm 高度流到相同溶液的液体表面之后,测量得到的泡沫体积。

(二)仪器

(1)泡沫仪,由分液漏斗、计量管、夹套量管和支架四部分组成。

①分液漏斗,如图 6-5 所示。容量 1L,其构成为:一个球形泡连接到长 200mm 的管子,管的下端有一旋塞。分液漏斗梗在旋塞轴心线以上 150mm 处带一刻度,供在试验中指示流出量的下限。在旋塞轴线下 40mm 处严格地垂直于管的长度切断管子的下端。旋塞是浇铸的,不是吹制的,为了避免液流过分阻塞,栓孔直径应足够大(不小于 3mm)。

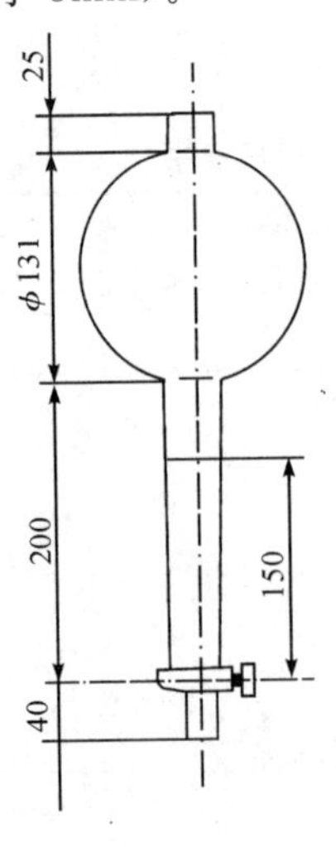

图 6-5　分液漏斗

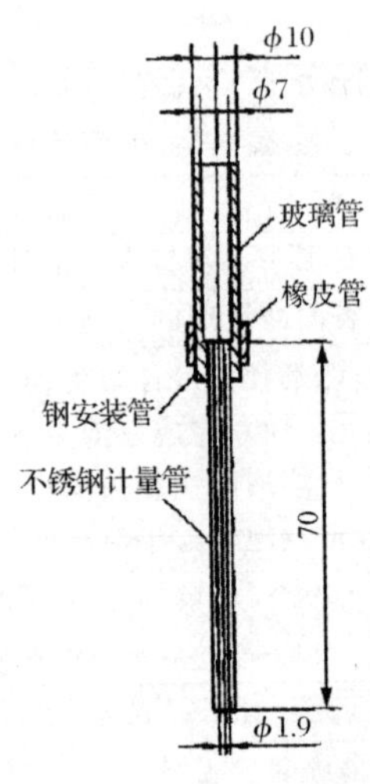

图 6-6　计量管的装配

②计量管，如图 6-6。不锈钢材质，长 70mm，内径 1.9±0.02mm，壁厚 0.3mm。管子的两端用精密工具车床垂直于管的轴线精确地切割。计量管压配入长度为 10～20mm 的钢或黄铜安装管，安装管的内径等于计量管的外径，外径等于分液漏斗的玻璃旋塞的底端管外径。计量管上端和安装管上端应在同一平面上，用一段短的厚橡皮管（真空橡皮管）固定安装管，使得安装管的上端和玻璃旋塞的底端管相接触。

③夹套量筒，如图 6-7。容量 1.3L，刻度分度 10mL。由壁厚均匀、耐化学腐蚀的玻璃管制成，管内径 65±1mm，下端缩成半球形，并焊接一梗管直径 12mm 的直孔标准锥形旋塞，塞孔直径 6mm。下端 50mL 处刻一环形标线，由此线往上按分度 10mL 刻度，直至 1300mL 刻度，容量准确度应满足 1300±13mL。距 50mL 标线以上 450mm 处刻一环形标线，作为计量管下端位置标记。量筒外焊接 $D_{外}\approx$ 90mm 的夹套管。

④支架，如图 6-8。使分液漏斗和量筒固定在规定的相对位置，并保证分液漏斗流出液对准量筒中心。

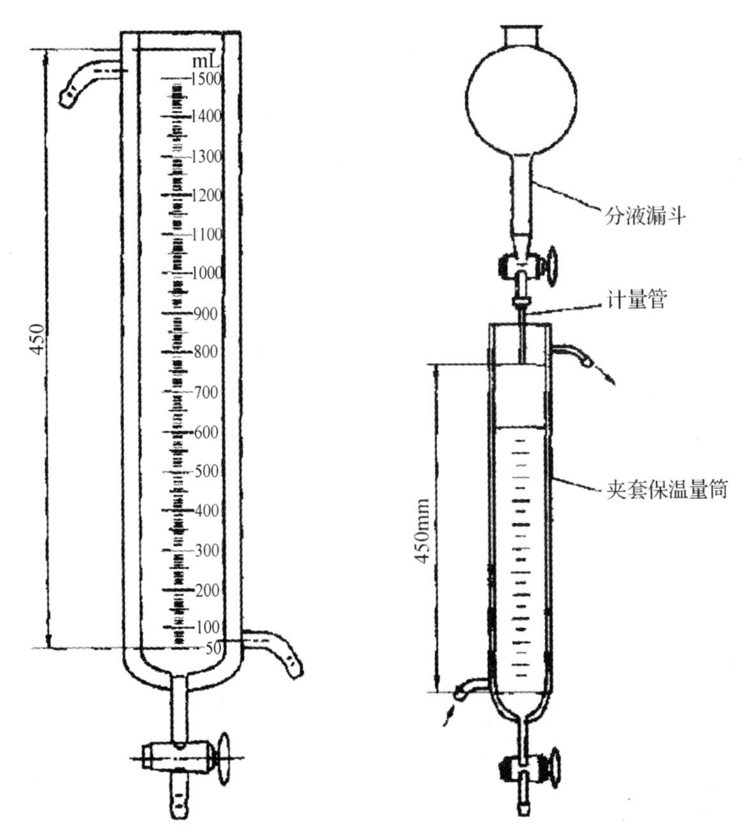

图 6-7 夹套量筒　　图 6-8 仪器装配

⑤仪器的清洗。完全清洗仪器是试验成功的关键。试验前如有可能，将所有玻璃器皿与铬酸硫酸混合液接触过夜，铬酸硫酸混合液的配制是在搅拌下将浓硫

酸(ρ=1.83g/mL)加入到等体积的重铬酸钾饱和溶液中。首先用水冲洗至没有酸,然后用少量的待测溶液冲洗。

将安装管和计量管组件在乙醇和三氯乙烯的共沸混合物蒸汽中保持 30min,然后用少量待测溶液冲洗。

对同一产品相继间的测量,用待测溶液简单冲洗仪器即可,如需要除去残留在量筒中的泡沫时,不管用什么方法来完成,随后用待测溶液冲洗。

(2)刻度量筒,容量 500mL。

(3)容量瓶,容量 1000mL。

(4)恒温水浴,带有循环水泵,可控制水温于 50±0.5℃。

(三)试验溶液的配制

用试验样品,按物料的工作浓度或其产品标准中规定的试验浓度配制溶液。

稀释用水可以用由鼓泡法被空气饱和的蒸馏水或用 3mmol/L 钙离子(Ca^{2+})硬水。硬水按 QB/T 1325 的规定配制。

配制溶液调浆,然后用所选择的预热至 50℃的水溶解。必须很缓慢地混合,以防止泡沫形成。不搅拌,保持溶液于 50±0.5℃,直至试验进行。

在测量时溶液的时效,应不少于 30min,不大于 2h。

除上述规定条件(例如水的硬度、温度)以外,可以选择其他条件,但要写入试验报告。

(四)测量程序

1.仪器的安装

用橡皮管将恒温水浴的出水管和回水管分别连接至夹套量筒的进水管(下)和出水管(上),调节恒温水浴温度至 50±0.5℃,装置带有计量管的分液漏斗,调节支架,使量筒的轴线和计量管的轴线相吻合,并使计量管的下端位于量筒内 50mL 溶液的水平面上 450mm 标线处。

2.灌装仪器

将配制的溶液沿着内壁倒入夹套量筒至 50mL 标线,不使在表面形成泡沫。这也可用下面灌装分液漏斗的曲颈漏斗来灌装。

第一次测量时,将部分试液灌入分液漏斗至 150mm 刻度处。为此,将计量管的下端浸入保持 50±0.5℃的盛于小烧杯中的一份试液内,并用连接到分液漏斗顶部的适当抽气器吸引液体,这是避免在旋塞孔形成气泡的最可靠方法。将小烧杯保持在分液漏斗下面,直到测量进行。

为了完成灌装,用 500mL 刻度量筒量取 500mL 保持在 50±0.5℃的试液倒入分液漏斗,缓慢进行此操作,以免生成泡沫。这可用一专用曲颈漏斗,使曲颈的末端贴在分液漏斗的内壁上来达到。为了随后的测量,将分液漏斗放空至旋塞上面

10～20mm 的高度。将盛满保持在 50±0.5℃的试验溶液的烧杯，如以前那样放在分液漏斗下面，用试验溶液灌装分液漏斗至 150mm 刻度处，然后，如上所述倒入 500mL 保持在 50±0.5℃的试验溶液。

3. 测量

使溶液不断地流下，直到水平面降至 150mm 刻度处，记录流出时间。流出时间与观测的流出时间算术平均值之差大于 5%的所有测量应予忽略，异常的长时间表明在计量管或旋塞中有空气泡存在。在液流停止后 30s、3min 和 5min，测量泡沫体积（仅仅泡沫）。

如果泡沫的上面中心处有低洼，按中心和边缘之间的算术平均值记录读数。

进行重复测量，每次配制新鲜溶液，取得至少 3 次误差在允许范围的结果。

4. 结果表示

以所形成的泡沫在液流停止后 30s、3min 和 5min 时的毫升数来表示结果，必要时可绘制相应的曲线。以重复测定结果的算术平均值作为最后结果。重复测定结果之间的差值应不超过 15mL。

三、相关标准解读

QB/T 1325 有关硬水的规定，已经更新为 GB/T6367－2012 表面活性剂已知钙硬度水的制备。

3mmol/L 钙离子（Ca^{2+}）硬水配制方法：称取氯化钙二水和物（$CaCl_2 \cdot 2H_2O$）0.441g 溶解于 1000mL 容量瓶中，加蒸馏水至刻度，摇匀。

四、数据记录处理和检验报告

试验报告应包括下列项目：

（1）完全鉴别样品所需要的所有资料。

（2）试验溶液的浓度，以每升中表面活性剂的克数表示。

（3）如果试验时的温度与建议的不同，应注明温度（℃），表示不同产品的发泡力和温度之间的关系曲线，在斜率上和总的形状上可能有很大的变化。所以单根据发泡力，不能进行几种表面活性剂的比较，除非制定这种曲线或者至少给出曲线上的三个点。

（4）如果实际用水的硬度与建议的不同，应注明所用水的硬度，以每升中钙离子（Ca^{2+}）的毫摩尔表示。

（5）结果和所用的表示方法。

（6）所用方法的参考资料。

（7）本标准未包括的或任选的所有操作细节，以及会影响结果的其他因素。

五、相关知识技能要点

(1)规范、正确操作罗氏泡沫仪等相关仪器。
(2)能正确完成表面活性剂发泡力测定。
(3)检验报告的设计与书写。
(4)罗氏泡沫仪的基本构造和测定原理。
(5)表面活性剂发泡力指标影响因素。

六、观察与思考

(1)表面活性剂如何分类?分别举例?
(2)表面活性剂性能指标有哪些?
(3)表面活性剂有哪些用途?
(4)为什么要采用恒温装置?
(5)分小组自行选择一种表面活性剂,完成其发泡力指标测定。

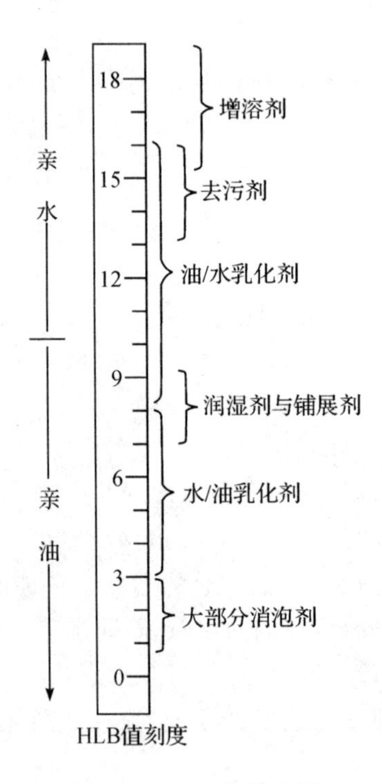

图 6-9　HLB 值的应用

七、参考资料

(1)HLB值的概念。亲水亲油平衡值(hydrophile-lipophile balance,HLB)系表面活性剂分子中亲水和亲油基团对油或水的综合亲合力,是用来表示表面活性剂的亲水亲油性强弱的数值。

数值范围:HLB 0～40,其中非离子表面活性剂 HLB 0～20,即石蜡为0,聚氧乙烯为20。

(2)GB/T 5327－2008 表面活性剂·术语。

(3)GB/T 7462－94 表面活性剂·发泡力的测定改进 Ross-Miles 法。

(4)GB/T 6367－2012 表面活性剂·已知钙硬度水的制备。

第四节　十二烷基硫酸钠中铅含量测定

一、项目来源和任务书

项目来源和任务书详见表6-6。

表6-6　十二烷基硫酸钠中铅含量项目任务书

工作任务	测定十二烷基硫酸钠中铅含量
项目情景	工厂采购了一批十二烷基硫酸钠原料用于牙膏中,对原料进行入库检验
任务描述	对该批十二烷基硫酸钠的铅含量进行测定,并对产品质量进行判定
目标要求	(1)能按要求独立设计报告,并形成规范电子文稿; (2)能正确、独立完成铅含量检验操作的全过程; (3)会进行溶液配制相关操作; (4)能根据铅含量对产品质量进行正确的判断
任务依据	GBT 15963－2008 十二烷基硫酸钠 《化妆品卫生规范》(2007年版)
学生角色	某工厂检验科室人员

二、基本原理和实施方案

GB/T 15963－2008 十二烷基硫酸钠,对用三氧化硫黄化或氯磺酸硫酸化中和制得的表面活性剂十二烷基硫酸钠,包括固体样品和液体样品,进行了规定,理化指标见表6-7。

表 6-7　十二烷基硫酸钠理化指标

项目	指标					
	粉状产品		针状产品		液体产品	
	优级品	合格品	优级品	合格品	优级品	合格品
活性物含量(%)	≥94	≥90	≥92	≥88	≥30	≥27
石油醚可溶物(%)	≤1.0	≤1.5	≤1.0	≤1.5	≤1.0	≤1.5
无机盐含量(%)	≤2.0	≤5.5	≤2.0	≤5.5	≤1.0	≤2.0
pH 值	7.5～9.5				≥7.5	
重金属[a](以铅计)(mg/kg)	≤20					
砷[a](mg/kg)	≤3					

注：[a] 表示用于牙膏时的控制指标。

(一)pH 值的测定

按 GB/T 6368－2008 的规定，将 10g/L 试样的溶液在缓和的电磁搅拌下，保持 25℃，测定其 pH 值。

(二)重金属(以铅计)的测定方法

按卫监督发〔2007〕1 号中卫生化学检验方法的规定进行测定。样品经预处理使铅以离子状态存在于样品溶液中，样品溶液中铅离子被原子化后，基态铅原子吸收来自铅空心阴极灯发出的共振线，其吸光度与样品中铅含量成正比。在其他条件不变的情况下，根据测量被吸收后的谱线强度，与标准系列比较进行定量。方法的检出限为 0.15mg/L，定量下限为 0.50mg/L。若取 1g 样品测定，定容至 10mL，本方法的检出浓度为 1.5μg/g，最低定量浓度为 5μg/g。

1. 试剂

(1)优级纯硝酸、高氯酸、分析纯过氧化氢(30%)。

(2)盐酸羟胺溶液(120g/L)：取盐酸羟胺 12.0g 和氯化钠 12.0g 溶于 100mL 水中。

(3)铅标准溶液[ρ(Pb)＝1g/L]：称取纯度为 99.99%的金属铅 1.000g，加入硝酸溶液(1＋1)20mL，加热使溶解，移入 1L 容量瓶中，用水稀释至刻度。

(4)铅标准溶液[ρ(Pb)＝100mg/L]：取 1g/L 铅标准溶液 10.0mL 置于 100mL 容量瓶中，加入硝酸溶液(1＋1)2mL，用水稀释至刻度。

(5)铅标准溶液[ρ(Pb)＝10mg/L]：取 100mg/L 铅标准溶液 10.0mL 置于 100mL 容量瓶中，加入硝酸溶液(1＋1)2mL，用水稀释至刻度。

(6)甲基异丁基酮(MIBK)。

(7)盐酸溶液(7mol/L)：取浓盐酸 30mL，加水至 50mL。

2. 仪器

10mL 具塞比色管；原子吸收分光光度计；移液管。

3. 样品预处理（可任选一种）

（1）湿式回流消解法。准确称取混匀试样约 1.00g～2.00g 置于消解管中，同时做试剂空白。样品如含有乙醇等有机溶剂，先在水浴或电热板上低温挥发。若为膏霜型样品，可预先在水浴中加热使瓶壁上样品融化流入瓶的底部。加入数粒玻璃珠，然后加入浓硝酸 10mL，由低温至高温加热消解，当消解液体积减少到 2～3mL，移去热源，冷却。加入高氯酸 2mL～5mL，继续加热消解，不时缓缓摇动使均匀，消解至冒白烟，消解液呈淡黄色或无色。浓缩消解液至 1mL 左右。冷至室温后定量转移至 10mL（如为粉类样品，则至 25mL）具塞比色管中，以水定容至刻度，备用。如样液浑浊，离心沉淀后可取上清液进行测定。

（2）微波消解法[3]。准确称取混匀试样约 0.5g～1g 于清洗好的聚四氟乙烯溶样杯内。含乙醇等挥发性原料的化妆品如香水、摩丝、沐浴液、染发剂、精华素、刮胡水、面膜等，先放入温度可调的 100℃ 恒温电加热器或水浴上挥发（不得蒸干）。油脂类和膏粉类等干性物质，如唇膏、睫毛膏、眉笔、胭脂、唇线笔、粉饼、眼影、爽身粉、痱子粉等，取样后先加 0.5～1.0mL 水，润湿摇匀。

根据样品消解难易程度，样品或经预处理的样品，先加入硝酸 2.0～3.0mL，静置过夜。然后再加入 30% 过氧化氢 1.0～2.0mL，将溶样杯晃动几次，使样品充分浸没。放入沸水浴或温度可调的恒温电加热设备中 100℃ 加热 20min 取下，冷却。如溶液的体积不到 3mL 则补充水。同时严格按照微波溶样系统操作手册进行操作。

把装有样品的溶样杯放进预先准备好的干净的高压密闭溶样罐中，拧上罐盖（注意：不要拧得过紧）。

表 6-8 为一般化妆品消解时压力—时间的程序。如果化妆品是油脂类、中草药类、洗涤类，可适当提高防爆系统灵敏度，以增加安全性。

根据样品消解难易程度可在 5min～20min 内消解完毕，取出冷却，开罐，将消解好的含样品的溶样杯放入沸水浴或温度可调的 100℃ 电加热器中数分钟，驱除样品中多余的氮氧化物，以免干扰测定。

表 6-8　消解时压力—时间程序

压力挡	压力（MPa）	保压累加时间（min）
1	0.5	1.5
2	1.0	3.0
3	1.5	5.0

将样品移至 10mL 具塞比色管中，用水洗涤溶样杯数次，合并洗涤液，加入盐酸羟胺溶液 0.5mL，用水定容至 10mL，备用。

（3）浸提法（只适用于不含蜡质的化妆品）。准确称取混匀试样约 1.00g，置于 50mL 具塞比色管中。随同试样做试剂空白。样品如含有乙醇等有机溶剂，先在水浴或电热板上低温挥发(不得干涸)。若为膏霜型样品,可预先在水浴中加热使管壁上样品熔化流入管底部。加入硝酸 5.0mL、30%过氧化氢 2mL,混匀。如样品产生大量泡沫,可滴加数滴辛醇。于沸水浴中加热 2h,取出,加入盐酸羟胺溶液 1.0mL,放置 15~20min,加入 10%硫酸,用水定容至 25mL 备用。

(4)测定。移取铅标准溶液[ρ(Pb)=10mg/L]0、0.50、1.00、2.00、4.00、6.00mL,分别置于 10mL 具塞比色管中,加水至刻度。按仪器操作程序,将仪器的分析条件调至最佳状态。在扣除背景吸收下,分别测定校准曲线系列、空白和样品溶液。绘制浓度—吸光度曲线,计算样品含量。

(5)分析结果的计算。按式(6-1)计算铅浓度:

$$\text{Pb}(\mu g/g)=\frac{(m_1-m_0)V}{m} \tag{6-1}$$

式中:m_1—测试溶液中铅的质量浓度(mg/L);

m_0—空白溶液中铅的质量浓度(mg/L);

V—样品消化液的总体积(mL);

m—样品取样量(g)。

三、相关标准解读

(1)卫法监发〔2002〕第 229 号化妆品卫生规范,技术内容上与欧盟、美国等地的管理要求存在明显差距,随着时间推移不能适应化妆品卫生监督工作的需要。为此卫生部印发《化妆品卫生规范》(2007 年版),决定自 2007 年 7 月 1 日起实施,以加强化妆品的监督管理,保持我国与国际化妆品标准的接轨。

(2)铅,Pb,原子量 207.2,熔点 327℃,沸点 1749℃。铅无法再降解,一旦排入环境很长时间仍然保持其可用性。慢性铅中毒系重要职业病之一。铅的吸收甚缓,主要经消化道及呼吸道吸收。吸收后绝大部分沉积于骨中。沉积骨中的铅盐并不危害身体,中毒的深浅主要决定于血液及组织中的含铅量,血中铅含量如超过 0.05~0.1mg/L,即产生中毒症状。钙与铅的代谢有平行关系,凡能影响体内钙代谢的因素也能影响铅的代谢。铅主要由肠与肾排泄,肠排泄量一般较多。尿中铅量超过 0.05~0.08mg/L 时,应考虑有铅中毒可能。

(3)注意事项。①注意微波运行正常:如果压力设定为 1 挡,从微波加热开始到表中 1 挡设定压力的时间超过 1min,应立即切断微波,检查溶样罐是否有泄漏或者消解样体积不够。②防止消解罐损坏:消解罐局部表面曾被污染后,或消解罐内尚残余微量水分,在微波作用下,将使消解罐局部发热;或压力不足造成过长加热时间,这些均可使消解罐局部温度超过其耐温的极限而软化甚至融化。此时,罐内外的压力差就使罐的局部变形(如鼓包)或炸裂。在加压过程中,显示屏数字不但不上升,反而不动或下降,也应立即关掉微波,防止烧坏溶样罐。检查溶样杯密封是否完好;溶样罐中是否忘了垫块;溶样罐盖内的弹性体是否已失效。③微波加热结束后,不要急于打开炉门,应先关掉微波开关再空转 2min,目的是排除炉内的氮氧化物,并使罐内压力下降,待 2min 结束后可开启炉门,取出溶样罐,置于通风橱中冷却,待冷却到反光板恢复原形,此时罐内基本没有压力,才可取出溶样杯。

四、数据记录处理和检验报告

湿式回流消解法处理样品 2 份,同时做空白试验,配制系列铅标准溶液,按仪器说明书调整好火焰原子吸收分光光度计。将标准系列、空白和样品逐个测定,记录读数。绘制校准曲线或计算回归方程,从曲线上查出样品中铅的含量。数据记录表详见表 6-9。

表 6-9 铅含量测定原始记录表

<table>
<tr><td rowspan="2">称样量 m(g)</td><td>1</td><td rowspan="2">样品溶液总体积 V(mL)</td><td rowspan="2" colspan="2"></td></tr>
<tr><td>2</td></tr>
<tr><td>铅标准系列(mg/L)</td><td>测定值</td><td>空白测定值</td><td colspan="2">样品测定值</td></tr>
<tr><td>0.00</td><td rowspan="6"></td><td rowspan="4"></td><td rowspan="2">1</td><td rowspan="2">2</td></tr>
<tr><td>0.50</td></tr>
<tr><td>1.00</td><td rowspan="2"></td><td rowspan="2"></td></tr>
<tr><td>2.00</td></tr>
<tr><td>4.00</td><td rowspan="2">计算结果(mg/L)</td><td rowspan="2"></td><td rowspan="2"></td></tr>
<tr><td>6.00</td></tr>
<tr><td>回归方程</td><td></td><td>平均值(mg/L)</td><td colspan="2"></td></tr>
<tr><td>相关系数</td><td></td><td>极差</td><td colspan="2"></td></tr>
</table>

填写成品检验单(表 6-10)和检验报告(表 6-11)。其中,检验结论的评定:抽检样品合格数≥AQL,则该批产品判为“接受”;抽检样品合格数<AQL,则该批产品判为“不接受”。

表 6-10 成品检验单

<table>
<tr><td>成品名称</td><td colspan="2"></td><td>成品编号</td><td colspan="2"></td></tr>
<tr><td>规格</td><td colspan="2"></td><td>出库处</td><td colspan="2"></td></tr>
<tr><td>生产日期</td><td></td><td>制造编号</td><td></td><td>检验者</td><td></td></tr>
<tr><td>半成品
生产日期</td><td></td><td>检验编号</td><td></td><td>取样者</td><td></td></tr>
<tr><td>取样量</td><td></td><td>取样地点</td><td></td><td>取样方法</td><td></td></tr>
<tr><td>No.</td><td>检验项目</td><td>标准规定</td><td>实测数据</td><td colspan="2">单项评价</td></tr>
<tr><td>1</td><td>pH</td><td></td><td></td><td colspan="2"></td></tr>
<tr><td>2</td><td>铅(mg/kg)</td><td>≤20</td><td></td><td colspan="2"></td></tr>
<tr><td>3</td><td>砷(mg/kg)</td><td>≤3</td><td></td><td colspan="2"></td></tr>
</table>

表 6-11 检测报告

（原料□　　成品□　半成品□）

产品名称		样品编号			
样品批号		生产日期			
样品规格					
产品数量		抽检数量			
样品状态		接收日期		检测日期	
检测项目					
评价标准					
检测依据					
抽检合格数					
检测结论					

编制人：　　　　　审核人：　　　　　批准人：

年　月　日

注：对某批次的产品的检验结论，应以本批产品“接受”或“不接受”的形式来描述（不是“合格”或“不合格”）。单项评价为“合格”或“不合格”。

五、相关知识技能要点

（1）规范、正确操作火焰原子吸收分光光度计等相关仪器。

（2）能正确完成铅含量分析。

（3）检验报告的设计与书写。

（4）原子吸收光谱法的基本原理。

（5）十二烷基硫酸钠各质量指标测定原理。

六、观察与思考

（1）如何测定十二烷基硫酸钠的 pH？为什么要控制 pH 指标？

（2）如何配制铅标准工作溶液？为什么要这样配制？

（3）编制仪器操作规程？样品原子化的方法还有哪些？

（4）如果样品含大量铁，如何消除干扰？

（5）如何测定十二烷基硫酸钠的砷含量？

七、参考资料

(一)原子吸收光谱法原理

原子吸收光谱法是20世纪50年代中期出现并在以后逐渐发展起来的一种新型的仪器分析方法,这种方法根据蒸汽相中被测元素的基态原子对其原子共振辐射的吸收强度来测定试样中被测元素的含量。它在地质、冶金、机械、化工、农业、食品、轻工、生物医药、环境保护、材料科学等各个领域有广泛的应用。

1.原子吸收光谱的产生

当有辐射通过自由原子蒸汽,且入射辐射的频率等于原子中的电子由基态跃迁到较高能态(一般情况下都是第一激发态)所需要的能量频率时,原子就要从辐射场中吸收能量,产生共振吸收,电子由基态跃迁到激发态,同时伴随着原子吸收光谱的产生。原子吸收光谱法就是根据物质产生的原子蒸汽中待测元素的基态原子对光源特征辐射谱线吸收程度进行定量的分析方法。

2.原子吸收分光光度计

原子吸收分光光度计又称原子吸收光谱仪,主要由光源、原子化器、分光系统、检测系统4部分组成。

(1)光源

原子吸收分光光度计光源的作用是辐射基态原子吸收所需的特征谱线。对光源的要求是:发射待测元素的锐线光谱有足够的发射强度、背景小、稳定性高;原子吸收分光光度计广泛使用的光源有空心阴极灯,偶尔使用蒸汽放电灯和无极放电灯。

空心阴极灯有一个由被测元素材料制成的空心阴极和一个由钛、锆、钽或其他材料制作的阳极。阴极和阳极封闭在带有光学窗口的硬质玻璃管内,管内充有压强为2mm~10mm Hg的惰性气体氖或氩,其作用是产生离子撞击阴极,使阴极材料发光。

空心阴极灯放电是一种特殊形式的低压辉光放电,放电集中于阴极空腔内。当在两极之间施加几百伏电压时,便产生辉光放电。在电场作用下,电子在飞向阳极的途中,与载气原子碰撞并使之电离,放出二次电子,使电子与正离子数目增加,以维持放电。正离子从电场获得动能。如果正离子的动能足以克服金属阴极表面的晶格能,当其撞击在阴极表面时,就可以将原子从晶格中溅射出来。除溅射作用之外,阴极受热也会导致阴极表面元素的热蒸发。溅射与蒸发出来的原子进入空腔内,再与电子、原子、离子等发生第二类碰撞而受到激发,发射出相应元素的特征的共振辐射。

空心阴极灯常采用脉冲供电方式,以改善放电特性,同时便于使有用的原子吸收信号与原子化池的直流发射信号区分开，称为光源调制。在实际工作中，应选择合适的工作电流。使用灯电流过小，放电不稳定；灯电流过大时，溅射作用将增加、原子蒸汽密度增大、谱线变宽、甚至引起自吸，导致测定灵敏度降低，灯寿命缩短。

由于原子吸收分析中每测一种元素需换一个灯，很不方便，现也制成多元素空心阴极灯，但发射强度低于单元素灯，且如果金属组合不当，易产生光谱干扰，因此，使用尚不普遍。

光源的功能是发射被测元素的特征共振辐射。对光源的基本要求如下。

①发射的共振辐射的半宽度要明显小于吸收线的半宽度。

②辐射强度大、背景低，低于特征共振辐射强度的1%。

③稳定性好，30min之内漂移不超过1%；噪声小于0.1%。

④使用寿命长于5A·h。

空心阴极放电灯是能满足上述各项要求的理想的锐线光源，应用最广。

(2)原子化器

原子化器的功能是提供能量，使试样干燥、蒸发和原子化。在原子吸收光谱分析中，试样中被测元素的原子化是整个分析过程的关键环节，它是原子吸收分光光度计的重要部分，其性能直接影响测定的灵敏度，同时很大程度上还影响测定的重现性。实现原子化的方法，最常用的有两种：火焰原子化法，是原子光谱分析中最早使用的原子化方法，至今仍在广泛地应用；非火焰原子化法，其中应用最广的是石墨炉原子化法。

①火焰原子化法

火焰原子化法中，常用的是预混合型原子化器，其结构如图6-10所示。这种原子化器由雾化器、混合室和燃烧器组成。雾化器是关键部件，其作用是将试液雾化，使之形成直径为微米级的气溶胶。混合室的作用是使较大的气溶胶在室内凝聚为大的溶珠沿室壁流入泄液管排走，使进入火焰的气溶胶在混合室内充分混合均匀以减少它们进入火焰时对火焰的扰动，并让气溶胶在室内部分蒸发脱溶。燃烧器最常用的是单缝燃烧器，其作用是产生火焰，使进入火焰的气溶胶蒸发和原子化。因此，原子吸收分析的火焰应有足够高的温度，能有效地蒸发和分解试样，并使被测元素原子化。此外，火焰应该稳定、背景发射和噪声低、燃烧安全。

原子吸收测定中最常用的火焰是乙炔－空气火焰，此外，应用较多的是氢－空气火焰和乙炔－氧化亚氮高温火焰。乙炔－空气火焰燃烧稳定、重现性好、噪声低、燃烧速度不是很大、温度足够高(约2300℃)，对大多数元素有足够的灵敏度。氢－空气火焰是氧化性火焰，燃烧速度较乙炔－空气火焰高，但温度较低(约2050℃)，优点是背景发射较弱、透射性能好。乙炔－氧化亚氮火焰的特点是火焰温度高(约2955℃)，而燃烧速度并不快，是目前应用较广泛的一种高温火焰，用它可测定70多种元素。

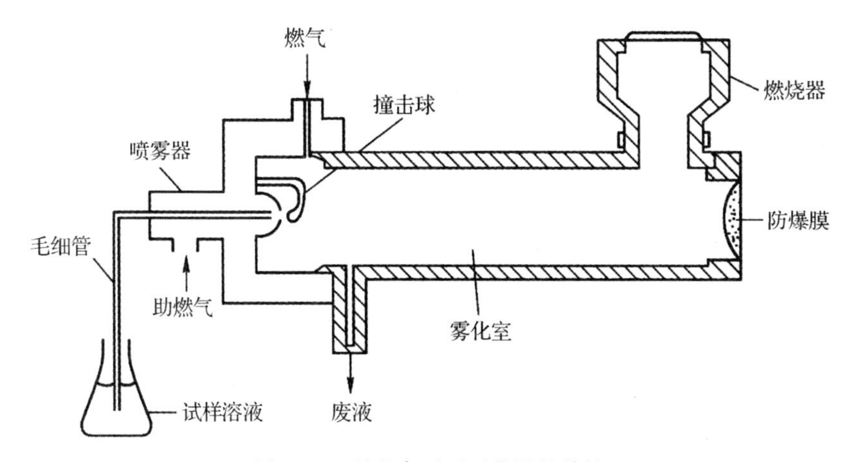

图 6-10　预混合型原子化器的结构

②非火焰原子化法

非火焰原子化法中，常用的是管式石墨炉原子化器。

管式石墨炉原子化器由加热电源、保护气控制系统和石墨管状炉组成。加热电源供给原子化器能量，电流通过石墨管产生高热高温，最高温度可达到3000℃。保护气控制系统是控制保护气的，仪器启动，保护氩气流通，空烧完毕，切断氩气流。外气路中的氩气沿石墨管外壁流动，以保护石墨管不被烧蚀，内气路中氩气从管两端流向管中心，由管中心孔流出，以有效地除去在干燥和灰化过程中产生的基体蒸汽，同时保护已原子化了的原子不再被氧化。在原子化阶段，停止通气，以延长原子在吸收区内的平均停留时间，避免对原子蒸汽的稀释。

石墨炉原子化器的操作分为干燥、灰化、原子化和净化四步，由微机控制实行程序升温。石墨炉原子化法的优点是：试样原子化是在惰性气体保护下于强还原性介质内进行的，有利于氧化物分解和自由原子的生成；用样量小，样品利用率高，原子在吸收区内平均停留时间较长，绝对灵敏度高；液体和固体试样均可直接进样。缺点是：试样组成不均匀性影响较大，有强的背景吸收，测定精密度不如火焰原子化法。

③氢化物形成法

砷、锑、铋、锗、锡、硒、碲和铅等元素，在强还原剂（如四氢硼钠）的作用下，容易生成氢化物。在较低的温度下使其分解、原子化，从而进行原子吸收的测定。

④冷原子吸收法

冷原子吸收法主要用于无机汞和有机汞的分析。这方法是基于常温下汞有较高的蒸汽压。在常温下用还原剂（如 $SnCl_2$）将 Hg^{2+} 还原为金属汞，然后把汞蒸汽送入原子吸收管中，测量汞蒸汽对 Hg 253.7nm 吸收线的吸收。

(3)分光系统

原子吸收光谱的分光系统是用来将待测元素的共振线与干扰的谱线分开的装

置。它主要由外光路系统和单色器构成。外光路系统的作用是使光源发出的共振谱线能正确地通过被测试样的原子蒸汽,并投射到单色器的入射狭缝上。单色器的作用是将待测元素的共振谱线与其他谱线分开,然后进入检测装置。

外光路系统分单光束系统和双光束系统。单光束型仪器结构简单、体积小、价格低,能满足一般分析要求,其缺点是光源和检测器的不稳定性会引起吸光度读数的漂移。为了克服这种现象,使用仪器之前需要充分预热光源,并在测量时经常校正零点。

单道双光束型原子吸收光度计结构如图 6-11 所示。光源发射的共振线,被切光器分解成两束光,一束(S 束)通过试样被吸收,另一束(R 束)作为参比,两束光在半透明反射镜 M 处交替地进入单色器和检测器。由于两束光由同一光源发出,并且交替地使用相同检测器,因此可以消除光源和检测器不稳定性的影响。

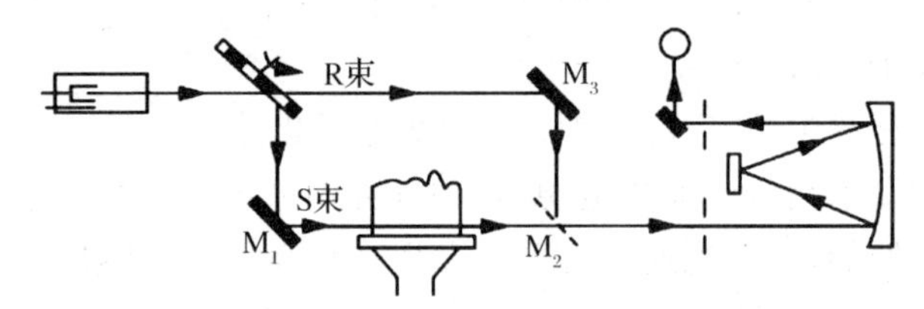

图 6-11　单道双光束型原子吸收光度计

(4)检测放大系统

在原子吸收分光光度计上,广泛采用光电倍增管作检测器。它的作用是将单色器分出的光信号转变为电信号。这种电信号一般比较微弱,需经放大器放大。信号的对数变换最后由读数装置显示出来。非火焰原子吸收法,由于测量信号具有峰值形状,故宜用峰高法或积分法进行测量。

3. 实验条件的选择

(1)分析线的选择

原子吸收强度正比于谱线振子强度与处于基态的原子数。因而从灵敏度的观点出发,通常选择元素的共振谱线作分析线。这样可以使测定具有高的灵敏度。但是共振线不一定是最灵敏的吸收线,如过渡元素 Al,又如 As、Se、Hg 等元素的共振吸收线位于远紫外区(波长小于 200nm),背景吸收强烈,这时就不宜选择这些元素的共振线作分析线。当测定浓度较高的样品时,有时宁愿选取灵敏度较低的谱线,以便得到适度的吸光度值,改善标准曲线的线性范围。

(2)狭缝宽度的选择

合适的狭缝宽度可用实验方法确定:将试液喷入火焰中,调节狭缝宽度,测定不同狭缝宽度时的吸收值。在狭缝宽度较小时,吸收值是不随狭缝宽度的增加而变化的,但当狭缝增宽到一定程度时,其他谱线或非吸收光出现在光谱通带内,吸收值就开始减小。不引起吸收值减小的最大狭缝宽度,就是理应选用的最合适的狭缝宽度。

(3)空心阴极灯电流的选择

空心阴极灯的发射特性取决于工作电流。一般商品空心阴极灯均标有允许使用的最大工作电流和正常使用的电流。在实际工作中，通常是通过测定吸收值随灯工作电流的变化来选定适宜的工作电流。选择灯工作电流的原则是在保证稳定和合适光强输出的条件下，尽量选用低的工作电流。若空心阴极灯有时呈现背景连续光谱，则使用较高的工作电流是有利的，可以得到较高的谱线强度和背景强度比。

空心阴极灯需要经过预热才能达到稳定的输出，预热时间一般为 10～20min。

(4)原子化条件的选择

不同类型的火焰所产生的火焰温度差别较大，对于难离解化合物的元素，应选择温度较高的乙炔－空气火焰或乙炔－氧化亚氮火焰。对于易电离的元素，如 K、Na 等宜选择低温的丙烷－空气火焰。

火焰按照燃料气体和助燃气体的不同比例，分为以下 3 类：

①中性火焰：这种火焰的燃气和助燃气的比例与它们之间的化学反应计量关系相近，它具有温度高、干扰小、背景低及稳定性好等特点，适用于多数元素的测定。

②富燃火焰：即燃气与助燃气比例大于化学计量，这种火焰燃烧不完全、温度低、火焰呈黄色。具有还原性强、背景高、干扰较多，不如中性火焰稳定的特点，适用于易形成难离解氧化物元素的测定。

③贫燃火焰：燃气与助燃气比例小于化学计量，这种火焰的氧化性强、温度较低，有利于测定易解离、易电离的元素。

4. 原子吸收光谱法的分析技术

(1)取样与防止样品污染

防止样品的玷污是样品处理过程中的一个重要问题。样品污染主要来源有水、大气、容器与所用的试剂。

原子吸收分析中应使用离子交换水，应使用洗净的硬质玻璃容器或聚乙烯、聚丙烯塑料容器；样品处理过程中应注意防止大气对试样的污染。

对于试剂的纯度，应有合理的要求，以满足实际工作的需要。用来配制标准溶液的试剂，不需要特别高纯度的试剂，分析纯即可。对于用量大的试剂，例如用来溶解试样的酸碱、光谱缓冲剂、电离抑制剂、释放剂、萃取溶剂，配制标准基体等试剂，必须是高纯试剂，尤其是不能含有被测元素，否则由此而引入的杂质量是相当可观的，甚至会使以后的操作完全失去意义。

避免被测痕(微)量元素的损失是样品制备过程中的又一重要问题。由于容器表面吸附等原因，浓度低于 1μg/mL 的溶液是不稳定的，不能作为贮备溶液，使用时间不要超过 1～2 天。吸附损失的程度和速度有赖于贮存溶液的酸度和容器的质料。作为贮备溶液，通常是配制浓度较大(例如 1mg/或 10mg/mL)的溶液。无机贮备溶液或试样溶液置放在聚乙烯容器里，维持必要的酸度，保持在清洁、低温、阴暗的地方。有机溶液在贮存过程中，应避免它与塑料、胶木瓶盖等直接接触。

(2)标准溶液的配制

原子吸收光谱法的定量结果是通过与标准溶液相比较而得出的。配制的标准溶液的组成要尽可能接近未知试样的组成。溶液中含盐量对雾珠的形成和蒸发速度都有影响，其影响大小与盐类性质、含量、火焰温度、雾珠大小均有关。当总含盐量在 0.1%以上时，在标准样品中也应加入等量的同一盐类，以期在喷雾时和火焰中所发生的过程相似。在石墨炉高温原子化时，样品中痕量元素与基体元素的质量分数比对测定灵敏度和检出限有重要影响。因此，对于样品中的含盐量与基体元素的质量分数比能达到 0.1μg/g。

非水标准溶液，是将金属有机化合物(如金属环烷酸盐)溶于合适的有机溶剂中来配制，或者将金属离子转为可萃取络合物，用合适的有机萃取溶剂萃取。有机相中的金属离子的含量可通过测定水相中其含量间接地加以标定。最合适的有机溶剂是 C6 或 C7、脂肪族酯或酮、C10 烷烃(例如甲基异丁酮、石油溶剂等)。芳香族化合物和卤素化合物不适合做有机溶剂，因为它们燃烧不完全，且产生浓烟，会改变火焰的物理化学性质。简单的溶剂如甲醇、乙醇、丙酮、乙醚、低分子量的烃等，因为其易挥发，也不适合做有机溶剂。

(3)试样的处理

对于溶液样品，处理比较简单。如果浓度过大，无机样品用水(或稀酸)稀释到合适的浓度范围。有机样品用甲基异丁酮或石油作溶剂，稀释到样品的粘度接近水的粘度。

5.定量分析

原子吸收光谱法是一种相对测量而不是绝对测量的方法，即定量的结果是通过与标准溶液相比较而得出的。所以为了获得准确的测量结果，应根据实际情况选择合适的分析方法。常用的分析方法有标准曲线法和标准加入法。

(1)标准曲线法

标准曲线法是最常用的基本分析方法，主要适用于组分比较简单或共存组分互相没有干扰的情况。配制一组合适的浓度不同的标准溶液，由低浓度到高浓度依次喷入火焰，分别测定它们的吸光度 A，以 A 为纵坐标，被测元素的浓度 C 为横坐标，绘制 A—C 标准曲线。在相同的测定条件下，测定未知样品的吸光度，从 A—C 标准曲线上用内标法求出未知样品中被测元素的浓度。

(2)标准加入法

对于比较复杂的样品溶液，有时很难配制与样品组成完全相同的标准溶液。这时可以采用标准加入法。

分取几份等量的被测试样，其中一份不加入被测元素，其余各份试样中分别加

入不同已知量 $c_1, c_2, c_3, \cdots$ 的被测元素的标准溶液，然后在测定条件下，分别测定它们的吸光度 A_i，绘制吸光度 A_i 对被测元素加入量 c_i 的曲线。

如果被测试样中不含被测元素，在校正背景之后，曲线应通过原点。如果曲线不通过原点，说明被测试样中含有被测元素，截距所对应的吸光度就是被测元素所引起的效应。外延曲线与横坐标轴相交，交点至原点的距离所对应的浓度 c_χ，即为所求的被测元素的含量。

标准加入法只有在待测元素浓度与吸光度成线性关系的范围内才能得到正确的结果。加入标准溶液的浓度要与样品浓度接近，才能得到准确的结果。

（二）岛津 AA6300 原子吸收光谱仪操作规程

（1）开机。打开显示器、计算机和光谱仪主机电源。

（2）启动操作软件。双击 WizAArd 图标，在窗口中选择〈操作〉，点击〈测定〉，在用户名中输入“admin”，点击〈ok〉进入软件操作界面。

（3）建立连接。在 wizard 选择中选择〈向导〉，双击〈元素选择〉，点击〈连接〉，电脑与主机建立连接。当提示检查助燃气压力监控器、废液探头（安全水封已加满水）等时，全部选择“否”。初始化完成后，点击〈确定〉，在之后的检查项目中全部打“√”，点击“OK”。

（4）选择测定元素。点击〈选择元素〉，选择需要测定的元素（铅：Pb），选择火焰连续、普通灯，点击“确定”。

（5）点灯。点击〈编辑参数〉，打开光学参数页，在点灯方式中选择 NON-BGC（无背景校正），在插座选择中选 1，在点灯方框中打“√”，点击〈谱线搜索〉，待光束平衡“OK”后关闭该窗口，再点击“确定”。

（6）设置标准曲线和样品参数。点击下一步，选择〈校准曲线设置〉，在次数栏中选 1st（一次方程），浓度单位选 μg/mL，在标准曲线的测定次序中填写标准溶液的数量 5，输入浓度数据，点击〈更新〉、〈确定〉。选择〈样品组设置〉，设置待测样品的数量 1 和浓度单位 μg/mL，点击“更新”、“确定”。点击“下一步”，再点击“下一步”，直至“完成”。

（7）点火准备。打开空气压缩机电源（已设好输出压力为 0.35MPa 左右），顺时针打开乙炔气减压阀，使次级压力表指针指示为 0.09MPa 左右。

（8）点火。同时按住原子吸收主机上的黑、白按钮，直至火焰点燃，将吸液毛细管放入去离子水中，点击自动调零。

（9）测定。将吸液毛细管放入浓度为“0”的标准溶液中，待吸光度数据达最大稳定后点击〈开始〉，等吸光度数据跳出后，再依次测定标准系列和样品溶液。测试完成后，将吸液毛细管插入去离子水中清洗。

（10）记录数据。记录测定数据，包括浓度、吸光度、标准曲线回归方程和相关系数等。

(11)熄火、关气。将毛细管从水中取出,逆时针关闭乙炔气减压阀,待火焰熄灭后,按 PURGE 键放空余气,直至乙炔减压表指示针降至零附近。关闭空压机电源。

(12)关机。退出软件,关闭计算机、显示器电源,关闭主机电源。盖上仪器防尘罩,填写仪器使用记录,清理实验室。

(三)北京谱析 TAS-990 原子吸收光谱仪操作规程

(1)开机。依次打开显示器,计算机电源开关,等计算机完全启动后,打开原子吸收光谱仪主机电源。

(2)仪器联机初始化。双击 AAWin v2.3.1 图表,启动光谱仪操作软件,跳出软件注册时点击"取消",选择联机模式,再选择测定元素的工作灯(铜元素在 1 号位),将预热灯电流设置为"0",按照默认值设置仪器分析参数,并进行寻峰。

(3)设置样品。点击样品设置图标,根据分析要求选择校正方法、浓度单位(μg/mL)、标准溶液名称,输入标准系列溶液的浓度数据、样品数量和名称等。

(4)点火准备。打开空气压缩机(已设好压力在 0.25MPa 左右),顺时针打开乙炔气减压阀,使次级压力表指针指示为 0.07MPa。

(5)点火。确认满足点火条件后,点击"点火"图标,点燃火焰,将吸液毛细管放入去离子水中,进行校零。

(6)测定。将吸液毛细管放入浓度为"0"的标准溶液中,待数据稳定后点击〈开始〉图标,然后依次从低到高测定标准系列溶液和样品溶液吸光度。测试完成后,去离子水清洗。

(7)记录数据。记录测定数据,包括浓度、吸光度、标准曲线回归方程和相关系数等。

(8)关气。从水中取出毛细管,逆时针关闭乙炔气减压阀。按空气压缩机放水阀排空水,关闭空气压缩机工作开关。

(9)关机。退出 AAWin 软件,关闭原子吸收主机电源,关闭显示器和计算机电源。盖上仪器防尘罩,填写仪器使用记录,清理实验室。

第五节 吐温 80 皂化值指标测定

一、典型产品

聚氧乙烯(20)山梨醇酐单油酸酯(吐温 80):Tween-80,聚山梨酯-80,Polysorbate 80。分子式 $C_{24}H_{44}O_6$，相对密度 1.06～1.09。本品为淡黄色至橙黄色的粘稠液体；微有特臭。味微苦略涩，有温热感。在水、乙醇、甲醇或乙酸乙酯中易溶，在矿物油中极微溶解，是液体制剂中常用的表面活性剂的一种，为油/水型乳化剂，可用作稳定剂、扩散剂、抗静电剂、纤维润滑剂等。由山梨糖醇酐单油酸酯和氧化乙烯反应制得。

在食品工业中，吐温 80 常被用作乳化剂，尤其是在冰激凌中。在冰激凌中，可添加浓度为 0.5%(*V*/*V*)的吐温 80，使产品光滑细腻，并且易于持握，减缓融化速度。添加吐温 80 可以使得牛奶中的蛋白质分子不至于完全包裹脂肪微滴，这样脂肪就可以交联形成链状或网状，能够容纳较多空气，使得冰激凌柔软蓬松，并且在融化过程中可保持形状。

中华人民共和国国家标准 GB2760-2011 中规定了聚氧乙烯山梨醇酐单月桂酸酯（又名吐温 20）、聚氧乙烯山梨醇酐单棕榈酸酯（又名吐温 40）、聚氧乙烯山梨醇酐单硬脂酸酯（又名吐温 60）及聚氧乙烯山梨醇酐单油酸酯（又名吐温 80）在各种食品中作为食品添加剂的最大使用量(g/kg)，分别为：调制乳 1.5、稀奶油 1.0、水油状脂肪乳化制品 5.0、其他脂肪乳化制品 5.0、冷冻饮品 1.5、豆类制品 0.05（以每千克黄豆的使用量计）、面包 2.5、糕点 2.0、固体复合调味料 4.5、半固体复合调味料 5.0、液体复合调味料 1.0、饮料类 0.5、果蔬汁（肉）饮料 0.75、含乳饮料 2.0、植物蛋白饮料 2.0、其他（乳化天然色素）10.0。添加了吐温 80 的食品不能算作绿色食品。

对于非肠道给药的药剂而言，吐温 80 可以作为一种赋形剂，如加拿大和一些欧洲国家生产的流感疫苗。它也可以在一些药物的生产过程中用作乳化剂，如常见的抗心律不齐药物胺碘酮。

生产方法：将山梨醇加热减压蒸馏，收集 60～85℃(8.0kPa)蒸出水分达到计算量，趁热出料，得失水山梨醇。将其与油酸酯化，得斯盘 80。然后，将斯盘 80 与环氧乙烷在碱催化下缩聚，得到吐温 80。

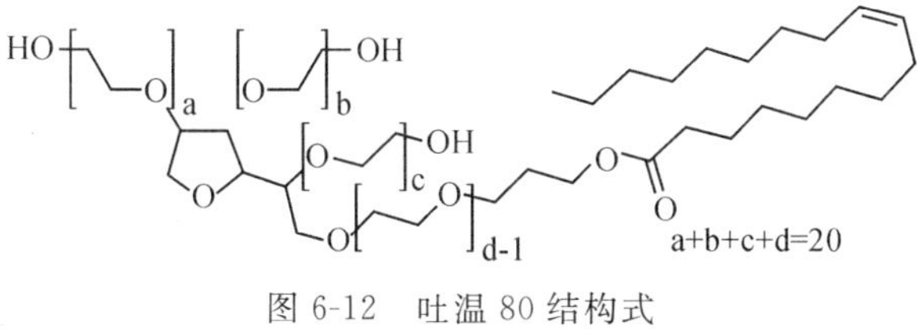

图 6-12　吐温 80 结构式

二、项目来源和任务书

项目来源和任务书详见表 6-12。

表 6-12 吐温 80 皂化值指标测定项目任务书

工作任务	测定吐温 80 皂化值指标
项目情景	工厂生产一批聚氧乙烯(20)山梨醇酐单油酸酯(吐温 80),对该产品进行成品检验,以确定产品质量
任务描述	对该批吐温 80 的皂化值指标进行测定
目标要求	(1)能按要求独立设计报告,并形成规范电子文稿; (2)能正确、独立完成皂化值检验操作的全过程; (3)会进行溶液配制相关操作; (4)能根据皂化值指标对产品质量进行正确的判断
任务依据	(GB 25554—2010)食品安全国家标准·食品添加剂·聚氧乙烯(20)山梨醇酐单油酸酯(吐温 80)
学生角色	某工厂检验科室人员

三、基本原理和实施方案

(一)基本原理

GB 25554—2010 食品安全国家标准·食品添加剂·聚氧乙烯(20)山梨醇酐单油酸酯(吐温 80),适用于以山梨醇酐单油酸酯和环氧乙烷为原料,经加成反应制得的食品添加剂聚氧乙烯(20)山梨醇酐单油酸酯(吐温 80),理化指标如表 6-13 所示。

表 6-13 聚氧乙烯(20)山梨醇酐单油酸酯(吐温 80)理化指标

项目	指标
酸值(以 KOH 计)(mg/g)	≤2.0
皂化值(以 KOH 计)(mg/g)	45～55
羟值(以 KOH 计)(mg/g)	65～80
水分,w(%)	≤3.0
砷(As)(mg/g)	≤3
铅(Pb)(mg/g)	≤2

(二)实施方案

1. 试剂和材料

无水乙醇,氢氧化钾乙醇溶液:40g/L;盐酸标准滴定溶液:c(HCl)=0.5mol/L;酚酞指示液:10g/L。

2. 分析步骤

称取约 2.5g 实验室样品，精确至 0.0001g，置于 250mL 磨口锥形瓶中，加入(25±0.02)mL 氢氧化钾乙醇溶液，连接冷凝管，置于水浴中加热回流 1h，稍冷后用 10mL 无水乙醇淋洗冷凝管，取下锥形瓶，加入 5 滴酚酞指示液，用盐酸标准滴定溶液滴定至溶液的红色刚刚消失，加热试液至沸。若出现粉红色，继续滴定至红色消失即为终点。

在测定的同时，按与测定相同的步骤，对不加试料而使用相同数量的试剂溶液做空白试验。

3. 结果计算

皂化值 w，以氢氧化钾(KOH)计，数值以毫克每克(mg/g)表示，按式(6-2)计算：

$$w=\frac{(V_0-V_1)cM}{m} \tag{6-2}$$

式中：V_1—试样消耗盐酸标准滴定溶液体积数值，单位为毫升(mL)；

V_0—空白消耗盐酸标准滴定溶液体积数值，单位为毫升(mL)；

c—盐酸标准滴定溶液浓度的准确数值，单位为摩尔每升(mol/L)；

m—试样质量的数值，单位为克(g)；

M—氢氧化钾的摩尔质量的数值，单位为克每摩尔(g/mol)[M=56.109]。

取两次平行测定结果的算术平均值为报告结果。两次平行测定结果的绝对差值不大于 1(mg/g)。

四、相关标准解读

酸值：指中和脂肪、脂肪油或其他类似物质 1 克中含有的游离脂肪酸所需氢氧化钾的重量(毫克数)。

羟值：Hydroxyl value，指 1g 样品中的羟基所相当的氢氧化钾(KOH)的毫克数，以 KOH mg/g 表示。

氢氧化钾乙醇溶液 40g/L：称取 40g 氢氧化钾，置于聚乙烯容器中，加 30mL 水溶解，用乙醇(95%)稀释至 1000mL，密闭放置 24h。用塑料管虹吸上层清液至另一聚乙烯容器中。

五、数据记录处理和检验报告

平行样品 2 份，同时做空白试验，数据记录详见表 6-14。

表 6-14 皂化值指标测定原始记录

内容 \ 测定次数		1	2	3
称量瓶和试样的质量(第一次读数)(g)				
称量瓶和试样的质量(第二次读数)(g)				
试样质量 m(g)				
试样试验	滴定消耗盐酸的用量 V(mL)			
	滴定管校正值(mL)			
	溶液温度补正值(mL/L)			
	实际消耗盐酸溶液的体积 V_1(mL)			
空白试验	滴定消耗盐酸的体积(mL)			
	滴定管体积校正值(mL)			
	溶液温度补正值(mL/L)			
	实际消耗盐酸溶液的体积 V_0(mL)			
皂化值 w(mg/g)				
平均 w(mg/g)				
平行测定结果的极差(mg/g)				
极差与平均值之比(%)				

填写成品检验单(表 6-15)和检验报告(表 6-16)。其中,检验结论的评定:抽检样品合格数≥AQL,则该批产品判为“接受”;抽检样品合格数<AQL,则该批产品判为“不接受”。

表 6-15 成品检验单

成品名称			成品编号		
规格			出库处		
生产日期		制造编号		检验者	
半成品生产日期		检验编号		取样者	
取样量		取样地点		取样方法	
No.	检验项目	标准规定	实测数据	单项评价	
1	酸值(以 KOH 计)	≤2.0			
2	皂化值(以 KOH 计)	45～55			
3	羟值(以 KOH 计)	65～80			

表 6-16　检测报告

（原料□　　成品□　半成品□）

产品名称		样品编号			
样品批号		生产日期			
样品规格					
产品数量		抽检数量			
样品状态		接收日期		检测日期	
检测项目					
评价标准					
检测依据					
抽检合格数					
检测结论					

编制人：　　　　审核人：　　　　　　　　批准人：

年　月　　日

注：对某批次的产品的检验结论，应以本批产品“接受”或“不接受”的形式来描述（不是“合格”或“不合格”）。单项评价为“合格”或“不合格”。

六、相关知识技能要点

(1)规范、正确操作滴定管等玻璃仪器。
(2)能正确完成皂化值指标分析。
(3)检验报告的设计与书写。
(4)返滴定法基本原理。
(5)吐温 80 各质量指标测定原理。

七、观察与思考

(1)如何测定吐温 80 的酸值？为什么要控制酸值指标？
(2)如何测定吐温 80 的皂化值？
(3)如何测定吐温 80 的羟值？
(4)氢氧化钾乙醇溶液作用是什么？

八、参考资料

(1)(GB 25554－2010)食品安全国家标准·食品添加剂·聚氧乙烯(20)山梨醇酐单油酸酯(吐温 80)。

(2)(GB/T 601－2002)化学试剂·标准滴定溶液的制备。

第七章　胶粘剂的检验

第一节　胶粘剂概述

一、简　介

胶粘剂是一种依靠界面作用(化学力或物理力)把各种固体材料牢固地粘结在一起的物质,又称粘结剂或胶合剂。

早期人们使用天然胶粘剂。20 世纪 30 年代,从酚醛树脂开始进入合成胶合剂时代。近年来,为适应工农业生产和日常生活需要,胶粘剂新品种发展迅速,利用分子设计开发高性能品种,采用接枝、共聚、掺混互穿网络聚合物等技术改善胶合剂性能,出现了一些固化快、单组分、高强度、耐高温、无溶剂、低粘度、无污染、多功能的粘合剂。产品广泛应用于建筑、包装、电子、航天航空、机械设备、轻纺和医疗卫生等领域。

二、分　类

胶粘剂按照基料的化学成分分为三大类型:天然材料、合成高分子材料、无机材料。

(1)天然材料:动物胶(如骨胶、皮胶)、植物胶(如淀粉、糊精、天然树胶、橡胶等)、矿物胶(沥青、石蜡等)。

(2)合成高分子材料:合成树脂型(热固型:环氧树脂、酚醛树脂等;热塑型:聚氯乙烯、异聚丁烯等)、合成橡胶型(如氯丁胶、丁苯橡胶、丁腈橡胶等)、复合型(如酚醛一氯丁胶、丁苯橡胶等)。

(3)无机材料:热融型(焊锡、玻璃陶瓷等)、水固型(水泥、石膏等)。

三、胶粘剂的组分及其作用

胶粘剂主要由基料、固化剂和促进剂、偶联剂、稀释剂、增塑剂、填料等组成。

(1)基料:胶粘剂的主要成分,大多为合成高聚物,起粘合作用。

(2)固化剂与促进剂:固化剂是粘合剂最主要的配合材料直接或通过催化剂与主体聚合物反应,形成网状结构的固态物质。促进剂可加速固化反应,缩短固化时间,降低固化温度。

(3)偶联剂:能与被粘物表面形成共价键,使粘结界面坚固。

(4)稀释剂:降低胶粘剂的粘度,增加流动性和渗透性。

(5)填料:改善树脂性能,提高胶粘强度和耐热性,增加机械强度和耐磨性等。

四、粘合理论

对粘合力的形成有多种解释。比较认可的解释有四种:①机械锚合理论(粘结力是胶粘剂渗透被粘合物质的表面,填满凹凸不平的表面,固化后,因内聚力的上升而产生粘合力);②吸附理论(粘合剂分子充分润湿被粘物质表面,并与之良好接触,分子之间的距离小于0.5nm时,分子间产生相互吸引力,产生了粘合);③扩散理论(两聚合物端头或链节相互扩散,导致界面消失并产生过渡区而相互融合);④静电理论(胶粘剂与被粘物接触时在界面两侧会形成双电层,从而产生经典引力)。通常认为,粘合过程包括粘合剂浸润、扩散、渗透到被粘物中的过程,粘合剂在被粘物体之间的界面上形成各种物理和化学的结合,产生结构粘合的过程。粘合是胶粘剂与被粘物体之间的接触现象。两个被粘物体由粘合剂粘合所构成的接头,成为粘接接头。粘接接头的强度取决于粘合剂的内聚强度、被粘物质材料的强度和粘合剂与被粘材料之间的粘合力,粘合强度由其中最弱者控制。

五、胶合前材料的预处理

不同材料的粘结效果不同,有的材料未经特殊处理不能粘结。表面对粘结的适应性取决于表面的处理程度、接头设计、所需要实现的功能和所处的使用环境。

表面改性的方法有物理方法和化学方法。传统的处理方法主要由三个步骤组成:①清除表面污染物;②物理诱导的表面改性;③化学处理。国家标准(GB/T 21526—2008/ISO 17212:2004 结构胶粘剂 粘结前金属和塑料表面处理导则)阐述了一些金属和塑料表面处理的基本方法。经过适当处理后,材料的粘结效果令人满意。

胶粘剂的试验方法主要有各种强度试验、粘度测定、不挥发物含量测定、适用

期和储存期的测定等,内容繁多。常用检测标准如下:

(GB/T 11177—89)无机胶粘剂套接压缩剪切强度试验方法;

(GB/T 13354—92)液态胶粘剂密度的测定方法重量杯法;

(GB/T 17517—1998)胶粘剂压缩剪切强度试验方法(木材与木材);

(GB/T 7124—2008)胶粘剂拉伸剪切强度的测定(刚性材料对刚性材料);

(GB/T 10247—2008)粘度测量方法;

(GB/T 14074—2006)替代(14074.18—93)木材胶粘剂及其树脂检验方法;

(GB/T 22235—2008)液体粘度的测定;

(GB/T 2411—2008)塑料和硬橡胶 使用硬度计测定压痕硬度(邵氏硬度);

(GB/T 2567—2008)树脂浇铸体性能试验方法;

(GB/T 2794—1995)胶粘剂粘度的测定;

(GB/T 6329—1996)胶粘剂对接接头拉伸强度的测定;

(GB/T 7123.1—2002)胶粘剂适用期的测定。

本章选择了浙江省精细化工企业生产的典型胶粘剂产品及相关专业岗位分析检测实例。

第二节　胶粘剂的粘度测定

一、项目来源和任务书

项目来源和任务书详见表7-1。

表7-1　胶粘剂粘度测定项目任务书

工作任务	胶粘剂质量检验——胶粘剂粘度的测定
项目情景	胶粘剂生产企业对一批产品进行抽样检查,分析产品是否合格
任务描述	对该批胶粘剂的粘度进行测定,以判断其质量
目标要求	(1)能按要求独立设计报告,并形成规范电子文稿; (2)能独立完成粘度计条件设定及样品测定基本操作; (3)能确定试验条件,定性和定量分析; (4)能对测定数据进行正确记录和处理
任务依据	(GB/T 2794—95)胶粘剂粘度的测定
学生角色	企业检验科室人员

二、实施方案

以小组为单位，自行设计方案。

送检单和测试记录单格式如表 7-2 和表 7-3 所示。

表 7-2 送检单

编号：________　　　　送检材料名称：________

序号	项目名称	证明文件	送检规定	送检数量	备注

送检人：________　送检日期：________　____年____月____日

表 7-3 胶粘剂检测原始记录单

记录单编号________　检测环境温度______　相对湿度______　第＿1＿页　共＿1＿页

设备名称及编号________________________　环境情况________________________

检测依据《墙体保温用膨胀聚苯乙烯板胶粘剂》JC/T 992－2006 ________________

样品有效性________________________　异常情况________________________

试样编号		规格型号	
粘结面积(mm^2)	1600	拉伸速度	5mm/min

可操作时间(________h)

拉伸粘结原强度(MPa)(与膨胀聚苯板)				拉伸粘结原强度(MPa)(与水泥砂浆)				
序号	破坏荷载 F(N)	破坏界面	拉伸粘结强度(MPa)	拉伸粘结强度(MPa)	序号	破坏荷载 F(N)	拉伸粘结强度(MPa)	拉伸粘结强度平均值(MPa)
1					1			
2					2			
3					3			
4					4			
5					5			

拉伸粘结强度(MPa)(与膨胀聚苯板)

原强度				耐水(消遣浸泡 7d)				
序号	破坏荷载 F(N)	破坏界面	拉伸粘结强度(MPa)	拉伸粘结强度(MPa)	序号	破坏荷载 F(N)	拉伸粘结强度(MPa)	拉伸粘结强度平均值(MPa)
1					1			
2					2			
3					3			
4					4			
5					5			

续表

拉伸粘结强度(MPa)(与水泥砂浆)								
原强度				耐水(消遣浸泡 7d)				
序号	破坏荷载 F(N)	破坏界面	拉伸粘结强度(MPa)	拉伸粘结强度(MPa)	序号	破坏荷载 F(N)	拉伸粘结强度(MPa)	拉伸粘结强度平均值(MPa)
1					1			
2					2			
3					3			
4					4			
5					5			

检测日期:________ 检测:________ 复核:________

三、相关标准解读

(GB/T 2794—95)胶粘剂粘度的测定

本标准规定了使用旋转粘度计测定胶粘剂粘度的方法,适用于牛顿流体或近似牛顿流体特性的胶粘剂粘度测定。

1. 原理

旋转粘度计测量的粘度是动力粘度,它是基于表观粘度随剪切速率变化而呈可逆变化的原理进行测定。

2. 规格

(略)

3. 仪器和设备

旋转粘度计;恒温浴:能保持 23±0.5℃(也可按胶粘剂要求选用其他温度);温度计:精度为 0.1℃;容器:直径不小于 6cm,高度不低于 11cm 的容器或旋转粘度计上附带的容器。

4. 操作程序

试样:试样应该均匀无气泡;试样量要能满足旋转粘度计测定需要。

取样:取样时宜将试样搅拌均匀,保证样品的代表性,各单元被抽取数量应基本相同,总抽取样品的数量不少于三次检验所需。

5. 操作步骤

(1)同种试样应该选择适宜的相同转子和转速,使读数在刻度盘的 20%~80%范围内。

(2)将盛有试样的容器放入恒温浴中,使试样温度与试验温度平衡,并保持试样温度均匀。

(3)将转子垂直浸入试样中心部位,并使液面达到转子液位标线(有保护架应装上保护架)。

(4)开动旋转粘度计,读取旋转时指针在圆盘上不变时的读数。

(5)每个试样测定三次。

6.结果表示

取三次试样测试中最小一个读数值,精确到 1mPa · s;结果按粘度计读数进行计算,以 Pa · s 或 mPa · s 表示。

四、原始记录和检验报告

以小组为单位,自行设计原始记录和报告格式。

试验报告应该包括下列内容:

(1)样品来源、名称、种类;

(2)所用旋转粘度计型号,转子,转速;

(3)试验温度;

(4)粘度值;

(5)测定结果分析。

五、相关知识技能要点

(1)规范、正确使用粘度计等相关仪器。

(2)能正确完成旋转粘度计测定粘度的分析方法。

(3)独立完成检验报告的设计与书写。

(4)了解粘度计结构,原理。

(5)粘度等物理质量指标测定分析方法。

六、观察与思考

(1)粘度计的使用条件如何设置?

(2)已知某样品,请设计一合理分析方案和合适粘度计操作条件检测该样品的粘度,并利用课余时间在仪器上完成相关操作与数据处理。

七、参考资料

(GB/T 2794—95)胶粘剂粘度的测定。

第三节　胶粘剂不挥发物含量的测定

一、典型产品

(一)丙烯酸酯胶粘剂

丙烯酸酯胶粘剂是指那些含有氢酯基的丙烯酸酯单体(如:甲基丙烯酸乙酯、丙烯酸丁酯和丙烯酸异辛酯)为主体材料,并与不饱和烯烃类单体(如:苯乙烯、丙烯腈或乙酸乙烯等)共聚而成,再加适当量的助剂而制备成的粘附性物质。

丙烯酸酯胶粘剂原料来源广泛,制备工艺简单,具有干燥成型迅速,透明性好,对多种材料具有良好的粘结性能,耐候性、耐水性、耐化学药品性能好,特别是对疏水表面材料也具有优良的粘结性,可用于金属、塑料、橡胶、木材、纸张等材料的粘结。丙烯酸酯类胶粘剂是全球使用量最大的胶种之一。

(二)改性丙烯酸酯胶粘剂

改性丙烯酸酯胶粘剂(热固化型丙烯酸酯胶粘剂又称反应型丙烯酸酯胶粘剂)与第一代丙烯酸酯胶粘剂的差异在于第一代丙烯酸酯胶粘剂以过氧化苯甲酰/芳香胺为氧化还原体系,在单体与弹性体之间不发生接枝反应,固化物比较脆。改性丙烯酸酯胶粘剂用新的氧化还原体系,以过氧化氢型的过氧化物为引发剂,醛胺缩合物为促进剂,单体与弹性体之间发生接枝反应,形成韧性固化物,剥离强度和冲击强度有明显提高。

(三)改性丙烯酸酯胶粘剂的优缺点

1. 主要优点

(1)室温快速固化,一般为几分钟到几十分钟;

(2)可以低温固化甚至可以在零度以下固化;

(3)适用于大多数金属和非金属材料的粘结;

(4)对于被粘结材料的表面处理要求不高;

(5)对于双组分的混合比例要求不严格;

(6)粘结强度高。

2. 主要缺点

(1)单体的气味和毒性问题;

(2)丙烯酸或甲基丙烯酸有腐蚀性;

(3)固化速度快,不适合大面积粘结;

(4)固化反应放热剧烈,不适合大间隙的粘结和封灌;

(5)耐热、耐候性不够理想。

(四)丙烯酸乳液的制备工艺流程

首先将去离子水和乳化剂等投入预乳化罐搅拌,混合均匀,再加入单体进行预乳化,形成预乳化单体。将引发剂等固体原料在引发剂滴加罐中溶解、搅拌均匀,备用。在反应釜中加入配方量的去离子水、缓冲剂、链转移剂等,搅拌升温达到一定温度时加入一定量的预乳化单体,控制在加入初引发剂的温度,将溶解在料桶中的初引发剂从投料口一次性加入。初引发开始,控制在规定的温度范围内,在工艺规定要求下按比例加入预乳化单体、引发剂,加入量分别以出口流量计控制。整个过程产生的热量由反应釜的夹套冷却水带走。反应结束后,物料经过工艺处理后送到调节罐,冷却后加入氨水调节 pH 值,取样检测,合格后过滤去除反应的残渣,包装成产品。影响产品质量的主要因素有:反应温度、搅拌效果、加入电解质、凝胶效应和残余单体的去除。

(五)室温快固型丙烯酸酯胶粘剂的实例

1. 原料与配方

丙烯酸	100
环氧树脂 E-44	10～20
甲基丙烯酸丁酯	适量
氧化剂	3.6
阻聚剂(对苯二酚)	3.0～4.0
其他助剂	适量
交联剂	适量
还原剂	6

2. 制备及使用

环氧丙烯酸酯的合成:在装有温度计、搅拌器和冷凝管的三口烧瓶中加入一定量的丙烯酸、环氧树脂、催化剂和对苯二酚,在一定温度下搅拌。反应 2～3 小时后得到淡黄色粘稠液体。

胶粘剂的配制:将甲基丙烯酸丁酯、环氧丙烯酸酯、氧化剂、阻聚剂和其添加剂混合搅拌均匀制成 A 组分胶;将甲基丙烯酸丁酯、环氧丙烯酸酯、还原剂等混合搅拌均匀制成 B 组分胶。A 组分和 B 组分使用的比例是 1∶1。

该胶粘剂可对金属与金属、金属与非金属进行良好的粘结。可以室温固化,固化温度 50℃效果更好。

二、项目来源和任务书

项目来源和任务书详见表 7-4。

表 7-4　胶粘剂不挥发物含量的测定项目任务书

工作任务	胶粘剂质量检验——胶粘剂不挥发物含量的测定
项目情景	胶粘剂生产企业对一批产品进行抽样检查，分析产品是否合格
任务描述	对该批胶粘剂的不挥发物含量进行测定，以判断其质量
目标要求	(1)能按要求独立设计报告，并形成规范电子文稿； (2)能根据国标独立完成测试条件设定及样品测定基本操作； (3)能确定试验条件，定性和定量分析； (4)能对测定数据进行正确记录和处理
任务依据	(GB/T 140742793—1995)胶粘剂不挥发物含量的测定
学生角色	企业检验科室人员

三、相关标准解读

测定方法一：(GB/T 2793—1995)胶粘剂不挥发物含量的测定

本标准适用于加热挥发时有明显质量损失的胶粘剂。

1. 原理

试样在一定温度下加热一定时间后，以加热后试样质量与加热前试样质量的百分比值表示。

2. 仪器

天平(精确到 0.0001g)；鼓风恒温烘箱(温度波动不大于±2℃)；称量瓶；装有变色硅胶的干燥器；温度计(0～150℃)。

3. 试验温度

试验温度为 105±2℃，试验时间为 180±5min，取样 1.0g。

4. 操作程序

按要求称取胶粘剂试样，精确到 0.001g，置于已在试验温度恒重并称量过的容器中，放入已按照试验温度调好的鼓风恒温烘箱内加热，加热时间 180min。取出试样，放入干燥器中冷却至室温称取质量。

5. 结果表示

不挥发物质含量用式(7-1)计算：

$$\omega=\frac{m_1}{m}\times 100\% \tag{7-1}$$

式中：ω—不挥发物质的含量(%)；

m_1—加热后试样的质量(g)；

m—加热前试样的质量(g)。

试验结果取两次平行试验的平均值，试验结果保留三位有效数字。

四、相关知识技能要点

(1)了解分析检测项目与生产工艺条件的关系。
(2)规范、正确使用电热恒温烘箱等相关仪器。
(3)能正确完成称重的分析方法。
(4)检验报告的设计与书写。

五、观察与思考

(1)你使用的电热恒温烘箱温度如何设置?
(2)不同胶粘剂的试验温度是否相同？酚醛树脂胶粘剂的试验温度如何进行选择?
(3)丙烯酸酯胶粘剂生产属于哪一类聚合反应，有什么特点?

六、参考资料

(1)(GB/T 140742793—1995)胶粘剂不挥发物含量的测定。
(2)胶粘剂取样(GB/T 20740—2006/ISO 15605:2000)。

第四节　胶粘剂游离甲醛含量的测定

一、典型产品

(一)脲醛树脂

脲醛树脂胶由于胶合强度好，使用方便，原料丰富，成本低廉，已成为人造板工业用合成树脂胶总量为70%左右的主要胶种。但是脲醛树脂胶制成的人造板存在甲醛释放量高，污染环境、有害人体健康的缺点。各国对人造板甲醛的释放量限量都有严格的规定。我国也制定了GB/T 18580—2001《室内装饰装修材料人造板及其制品中甲醛释放限量》出台并强制执行，对人造板甲醛释放限量的规定已与世界发达国家接轨。

(二)脲醛树脂的制备

尿素与甲醛的反应机理：尿素与甲醛的反应比较复杂。尿素是阴离子反应体，甲醛是阳离子体，能够在不同酸度条件下反应。

一般认为脲醛树脂的形成通过两个阶段：加成反应生成羟甲基脲阶段和缩聚反应进行树脂化阶段。脲醛树脂要有固化剂，在室温或加热下，树脂中含有游离羟甲基的情况下分子链之间横向交联，脲醛树脂转化为不融不溶状态。

尿素与甲醛的摩尔比在合成脲醛树脂时，尿素与甲醛的摩尔比对反应有较大影响。通常两者的比例为 1∶1.1～2.0，摩尔比越高游离醛含量也越高，树脂稳定性好，固化快。目前国内企业均采用先弱碱后弱酸的工艺过程，反应初期有利于生成稳定的羟甲基脲，进而在弱酸条件下进行缩聚反应，形成脲醛树脂。

(三)脲醛树脂的生产

工业中生产脲醛树脂有间歇法和连续法两种工艺过程。我国主要采用间歇法。该法生产脲醛树脂的过程包括：原料准备、加料混合、缩聚反应、真空脱水、稳定处理，出料。全部过程在一个反应中进行。第一步，控制温度 80～100℃，在弱碱至中性介质中使尿素与甲醛有利于加成反应，充分生成甲基脲；第二步，当生成足够的羟甲基基团时降低反应混合物的 pH 值，在酸性介质中把反应进行到所需求的缩聚程度。然后冷却反应液并将 pH 值调到中性，使制备树脂的反应停留在要求的阶段。真空脱水，树脂后缩阶段补加尿素。

实例一　低毒脲醛树脂配方(质量份)

甲醛 37％	175.7
尿素 100％	①65.0　②35.0
氢氧化钠 30％	适量
酸	适量
尿素与甲醛的摩尔比	1∶1.3

树脂的质量指标

固体含量(％)	66±1
pH 值	6.5～8.0
粘度(20℃)(MPa·s)	200～350
固化时间(s)	40～50
游离甲醛含量(％)	0.1～0.3
折射率	1.462～1.467
储存期(月)	≥2

脲醛树脂的性能与游离甲醛及脲醛树脂中的羟甲基、亚甲基醚键、亚甲基的数量、比例有关。可以测定产品中游离甲醛和用常规的化学分析方法或 IR、NMR 等仪器分析手段来测定树脂中羟甲基、亚甲基醚键、亚甲基等基团的数量，从而推断配方及合成工艺是否合理及对环境的污染大小。

实例二　液状脲醛树脂的质量指标

液状脲醛树脂的质量指标如表 7-5 所示。

表 7-5 液状脲醛树脂技术要求

指标名称	单位	树脂用途					常用方法
		冷压用	胶合板和木工板用	刨花板用	纤维板用	浸渍用	
外观	—	无色、白色或淡黄色无杂质均匀液体				无杂质透明液体	目视法
pH 值		7.0～9.5					pH 试纸或 pH 计
固体含量	%	≥55.0	≥46.0			40.0～50.0	干燥称量法
游离甲醛含量	%	≤2	≤0.3			≤0.8	化学和仪器法
粘度	MPa·s	≥300	≥60	≥20			粘度计
固化时间	s	≤50	≤120			—	计时法
适用期	min	≥120					凝胶计时法
胶合强度	MPa	≥1.9	符合 GB/T 98468.2—1988				强度测试仪
内结构强度	MPa	—	—	符合 GB/T 4897.3—2003 规定	符合 GB/T 11718—1999 规定	—	强度测试仪
板材甲醛释放量	mg/L	符合 GB/T18580.5—2001					干燥器法
	mg/100g						穿孔法

二、项目来源和任务书

项目来源和任务书详见表 7-6。

表 7-6 脲醛树脂中游离甲醛含量测定项目任务书

工作任务	胶粘剂质量检验——胶粘剂游离甲醛含量的测定
项目情景	胶粘剂生产企业对一批产品进行抽样检查，分析产品是否合格
任务描述	对该批胶粘剂的游离甲醛含量进行测定，以判断其质量
目标要求	(1)能按要求独立设计报告，并形成规范电子文稿； (2)能独立完成电位滴定分析条件设定及样品测定基本操作； (3)能确定试验条件，定性和定量分析； (4)能对测定数据进行正确记录和处理
任务依据	(GB/T 14074—2006)胶粘剂游离甲醛含量的测定
学生角色	企业检验科室人员

三、相关标准解读

测定方法一：(GB/T 14074)胶粘剂游离甲醛含量的测定

本标准适用于木材胶粘剂用酚醛树脂中游离甲醛含量的测定。

1. 原理

试样中的游离甲醛易与盐酸羟胺发生肟化反应。使用电位差计，用氢氧化钠滴定反应形成的盐酸：

$$HCHO + NH_2OH \cdot HCl \longrightarrow CH_2NOH + HCl + H_2O$$

$$NaOH + HCl \longrightarrow NaCl + H_2O$$

2. 仪器

天平(精确到0.0001g)；pH计(精度0.1pH单位，配有复合电极，或玻璃电极和标准甘汞参比电极)；磁力搅拌器；滴定管(容量为5mL、10mL、25mL，当游离甲醛含量可能大于5%时用后者)。

3. 试剂与溶液

盐酸羟胺，浓度为10%的溶液，其pH值用氢氧化钠溶液调整到3.5；氢氧化钠，分析纯，浓度$c(NaOH)=1mol/L$和$c(NaOH)=0.1mol/L$标准溶液；盐酸，浓度$c(HCL)=1mol/L$和$c(HCL)=0.1mol/L$标准溶液；甲醇，不含醛和酮；蒸馏水。

4. 操作程序

(1)测定温度：测定应在23±1℃条件下进行。

(2)试样：根据试样游离甲醛含量多少，称取1～5g(见表7-7，精确到0.0001g)试样放入250mL的烧杯中。加入50mL甲醇或50mL由3体积异丙醇和1体积水组成的混合物，开动磁力搅拌器搅拌，直到树脂溶解和温度稳定在23℃±1℃。

表7-7　试样质量

甲醇含量(%)	试样质量(g)
<2	5.0±0.2
2～4	3.0±0.2
>4	1～2

(3)测定：将pH计的电极插到溶液中，用浓度为0.1mol/L的盐酸溶液(中性树脂)或1mol/L的盐酸溶液(高碱性树脂)将pH值调到3.5在23±1℃条件下滴入大约25mL 10%盐酸羟胺溶液。搅拌10±1min。用适当容量的滴定管以1mol/L氢氧化钠标准溶液(如果试样游离甲醛含量较低，用0.1mol/L的氢氧化钠标准溶液)将被测定液pH值迅速滴定到3.5。

(4)空白试验：用相同的步骤和相同的试剂(不加试样)做同样测定。

5. 结果表示

用式(7-2)计算试样中游离甲醛含量(%)：

$$\omega = 3c\,\frac{(V_1 - V_0)}{m} \times 100\% \tag{7-2}$$

式中：ω—游离甲醛的含量(%)；

V_1—测定所用的氢氧化钠标准溶液的体积(mL)；

V_0—空白试验所用的氢氧化钠标准溶液的体积(mL)；

c—所使用的氢氧化钠标准溶液的实际浓度(mol/L)；

m—试样质量(g)。

测定方法二:游离甲醛的含量的测定——氯化铵法

1.测定原理

在样品中加入氯化铵溶液和一定比例的氢氧化钠,使生成的氢氧化铵和树脂中游离甲醛反应,生成六亚甲基四胺,再用盐酸滴定剩余的氢氧化铵。

反应式：

$$NH_4Cl + NaOH \longrightarrow NaCl + NH_4OH$$

$$6CH_2O + 4NH_4OH \longrightarrow (CH_2)_6N_4 + 10H_2O$$

$$NH_4OH + HCl \longrightarrow NH_4Cl + H_2O$$

2.仪器与试剂

滴定管、移液管、碘量瓶等。10%氯化铵溶液(分析纯)、氢氧化钠溶液 1mol/L、1mol/L 盐酸标准溶液、0.1%甲基红-亚甲基蓝混合指示剂。

3.测定步骤

取试样 5g(精确到 0.0001g)于 250mL 碘量瓶中,加入 50mL 蒸馏水溶解(如样品不溶于水,可用适当比例的乙醇与水混合溶剂溶解,空白试验条件相同),加入混合指示剂 8～10 滴,若树脂不是中性,应用酸或碱滴定至溶液颜色呈灰青色,加入 10mL 10%氯化铵溶液,摇匀,立即用移液管加入 10mL 氢氧化钠溶液,盖紧瓶塞并充分摇匀,在 20～25℃温度下放置 30 分钟,用盐酸标准溶液进行滴定,溶液颜色从绿色→灰青色→紫红色,以灰青色为终点,记下盐酸溶液用量 V_1。同时进行空白试验,其消耗盐酸标准溶液量为 V_0。

4.结果表示

用式(7-3)计算试样中游离甲醛含量(%)：

$$\omega = \frac{(V_1 - V_0) \times c \times 0.04505 \times 100}{m} \tag{7-3}$$

式中:ω—游离甲醛的含量(%)；

V_1—测定所用的盐酸标准溶液的体积(mL)；

V_0—空白试验所用的盐酸标准溶液的体积(mL)；

c—所使用的盐酸标准溶液的实际浓度(mol/L)；

m—试样质量(g)。

测定方法三:水性胶粘剂中游离甲醛含量的检测(GB/T 15516—1995)(空气质量甲醛的测定——乙酰丙酮分光光度法)

检测项目和浓度限量指标详见表 7-8。

表 7-8　检测项目和浓度限量指标

材料	检测项目及其限量
	游离甲醛(g/kg)
水性涂料	≤0.1
水性胶粘剂	≤1
水性处理剂	≤0.5

1.检测原理(采用乙酰丙酮分光光度法)

甲醛气体经水吸收后,在 pH=6 的乙酸-乙酸铵缓冲溶液中与乙酰丙酮作用,在沸水浴条件下,迅速生成稳定的黄色化合物,在波长 412±2nm 处测定其吸光度,根据预先绘制好的标准曲线,可计算出甲醛含量。

2.检测仪器及设备

(1)常用的实验室设备和玻璃器皿。

具塞比色管,25mL,具 10mL、25mL 刻度,经校正。

可见光分光光度计,波长范围:330~760nm。

水浴锅,可以保持沸水的温度。

移液管:1.0mL,2.0mL,10mL,25mL。

分析天平,感量 0.0001g。

容量瓶:100mL,1000mL。

棕色容量瓶:100mL,250mL,1000mL。

量筒,100mL。

蒸馏瓶,500mL。

三角烧瓶,250mL,500mL。

碘量瓶,250mL。

棕色酸式滴定管,50mL。

(2)试剂及材料(需标明有效期限)所用试剂凡未指明规格者均为分析纯,实验用水均为不含有机物的蒸馏水。

不含有机物的蒸馏水:加少量高锰酸钾的碱性溶液于水中再行蒸馏即得(整个蒸馏过程中水应始终保持红色,否则应随时补加高锰酸钾)。

乙酸铵(NH_4CH_3COO)。

冰乙酸(CH_3COOH):$\rho=1.055$。

乙酰丙酮($C_5H_8O_2$):$\rho=0.975$。

乙酰丙酮[0.25%(V/V)]溶液配制:称 25g 乙酸铵,加少量水溶解,加 3mL 冰乙酸及 0.25mL 新蒸馏的乙酰丙酮,混匀再加水至 100mL,调整 pH=6.0,此溶液于 2~5℃可稳定一个月。

盐酸(HCl)溶液:密度 1.19(1+5)。

氢氧化钠(30g/100mL)溶液配制:称量 30g 氢氧化钠,加水溶解,并用水稀释至100mL。

碘$\left[c\left(\frac{1}{2}I_2\right)=0.1mol/L\right]$标准溶液配制：在感量0.0001g的天平上称量12.7g碘和40g碘化钾，加水溶解，并用水稀释至1000mL，棕色瓶储存于暗处。

碘化钾(KI)溶液：10g/100mL。

碘酸钾(KIO_3)溶液$c(1/6\ KIO_3)=0.1000mol/L$：配制见附录B。

淀粉溶液1g/100mL：称量1.0g可溶性淀粉，用5mL水调成糊状后，再加刚煮沸的水100mL，再微沸2min，临用时配制。

硫代硫酸钠标准溶液$[c(Na_2S_2O_3)=0.1000mol/L]$：配制和标定见《民用建筑工程室内空气污染物浓度检测指导书》附录K。

甲醛标准储备液：取10mL甲醛溶液，放入500mL容量瓶中，加水稀释定容。甲醛标准储备液标定(碘量法，原始记录表格式见附录B)：精确量取5.00mL待标定的甲醛标准储备液，置于250mL碘量瓶中。加入30.00mL碘$\left[c\left(\frac{1}{2}I_2\right)=0.1mol/L\right]$标准溶液，立即逐滴地加入30g/100mL氢氧化钠溶液至颜色褪到淡黄色为止(大约0.7mL)。放暗处10min，加入(1+5)盐酸溶液5mL酸化，(空白滴定时需多加2mL)，再放暗处10min，加入100mL新煮沸但已冷却的水，用$[c(Na_2S_2O_3)=0.1000mol/L]$硫代硫酸钠标准溶液滴定，至溶液呈现淡黄色时，加入新配制的1mL 1g/100mL淀粉溶液，继续滴定至恰使蓝色褪去为止，记录所用硫代硫酸钠标准溶液体积(V_2，mL)。同时用水作试剂空白滴定，记录所用硫代硫酸钠标准溶液体积(V_1，mL)。

甲醛标准储备液的浓度用式(7-4)计算：

$$c_2(mg/mL)=[(V_1-V_2)\times c_1\times 15.0]/5.0 \tag{7-4}$$

式中：c_1—硫代硫酸钠标准溶液的准确物质的量浓度(mol/L)；

c_2—甲醛标准储备液浓度(mg/mL)；

V_1—滴定试剂空白所用硫代硫酸钠标准溶液体积(mL)；

V_2—滴定甲醛标准储备液所用硫代硫酸钠标准溶液体积(mL)；

15.0—甲醛(1/2HCHO)摩尔质量；

5.0—所取甲醛标准贮备液的体积(mL)。

二人二平行滴定，相互间误差应小于0.05mL，否则重新标定。

甲醛标准溶液：用不含有机物的蒸馏水将甲醛标准储备液稀释成100μg/mL甲醛标准溶液，2～5℃可稳定一周。

磷酸(H_3PO_4)20%(V/V)溶液：准确吸取20.00mL磷酸于100mL容量瓶中，加水稀释至刻度，摇匀。

3. 检测步骤

(1)标准曲线绘制

准确吸取100μg/mL甲醛标准溶液0、0.5mL、1.0mL、2.0mL、4.0mL、6.0mL

和 8.0mL，置于 500mL 蒸馏瓶中，加入 20%磷酸 4mL，加蒸馏水 15mL，于水蒸气蒸馏装置中加热蒸馏，在冰浴条件下用三角烧瓶（预加约 30mL 蒸馏水，使馏出液出口浸没水中）收集馏出液约 200mL，冷却后定量转移至 250mL 容量瓶中，定容。取馏出液 10.0mL，分别移入 10.0mL 比色管。

在标准系管中，分别加入 2.0mL 的乙酰丙酮 0.25%（V/V）溶液，摇匀，在沸水浴中加热 3min，取出冷却。用 10mm 比色杯，在波长 412±2nm 处测定吸光度，以甲醛含量（mg）为横坐标，吸光度为纵坐标并绘制标准曲线，得到斜率 f。标准曲线每月校正一次，试剂配制时应绘制标准曲线。

（2）样品检测

准确称取样品约 20g，精确到 0.0001g，置于 500mL 蒸馏瓶中，加入 20%磷酸 4mL，于水蒸气蒸馏装置中加热蒸馏，在冰浴条件下用三角烧瓶（预加约 30mL 蒸馏水，使馏出液出口浸没水中）收集馏出液约 200mL，冷却后定量转移至 250mL 容量瓶中，定容。取馏出液 10.0mL，分别移入 10.0mL 比色管。

在样品管中，加入 2.0mL 的乙酰丙酮 0.25%（V/V）溶液，摇匀，在沸水浴中加热 3min，取出冷却。用 10mm 比色杯，在波长 412±2nm 处测定吸光度，从标准曲线中查出甲醛量。各浓度甲醛标准溶液标准曲线绘制原始记录格式见附录 C。

4.结果计算

游离甲醛量计算：

$$c=(A-A_0)/f \tag{7-5}$$

式中：c—甲醛量（mg）；

A—样品吸光度；

A_0—空白吸光度；

f—标准曲线斜率。

样品中游离甲醛含量计算式为：

$$F=c/W \tag{7-6}$$

式中：F—样品中游离甲醛含量（g/kg）；

c—甲醛量（mg）；

W—样品质量（g）。

四、相关知识技能要点

（1）了解分析检测项目与生产工艺条件的关系。

（2）规范、正确使用 pH 计、碘量瓶等相关仪器。

（3）能正确完成电位滴定法测定游离甲醛。

（4）检验报告的设计与书写。

五、观察与思考

(1)电位滴定法测定的使用条件如何设置?

(2)两种方法的主要差异是什么,如何进行选择?

(3)已知某样品,请设计一合理分析方案和合适电位滴定操作条件检测该样品的游离甲醛含量,并利用课余时间完成相关操作与数据处理。

(4)如何根据测试结果对间歇法生产的条件提出调整建议?

六、参考资料

取样产品初检报告详见表 7-9。

表 7-9　取样产品初检报告

检测编号:________

样品编号	
制造厂家	
样品名称、品种(型号)	
产品批号、序号	
生产日期和取样日期	
同批样品的总数	
收样地点	
收样人/见证人	
样品(桶)外观	
结皮及除去的方式及难易	
沉淀情况和混合或再混合程序	
其他异常情况	

编制:________　　　　日期:____年____月____日

检测原始记录格式如表 7-10 所示。

表 7-10　水性涂料、水性胶粘剂、水性处理剂样品中甲醛含量检测

检测编号:________

<table>
<tr><td colspan="6">水性涂料、水性胶粘剂、水性处理剂样品中甲醛含量检测原始记录</td></tr>
<tr><td colspan="2">实验室温度(℃)</td><td></td><td>检测依据标准</td><td colspan="2">GB50325－2001 附录 B</td></tr>
<tr><td rowspan="3">仪器设备</td><td>名称及型号</td><td colspan="4"></td></tr>
<tr><td>检定有效制</td><td colspan="4"></td></tr>
<tr><td>使用前情况</td><td></td><td>使用后情况</td><td colspan="2"></td></tr>
<tr><td rowspan="2">标准曲线</td><td colspan="2">回归方程</td><td colspan="3">$Y=f\times X+b$, $f=$________, $b=$________</td></tr>
<tr><td colspan="2">检制人</td><td></td><td>绘制日期</td><td></td></tr>
</table>

续表

样品中游离甲醛检测	样品编号		
	样品质量 W		
	吸光度 A		
	试剂空白吸光度 A_1		
	样品中游离甲醛含量 c(mg)		
	样品中游离甲醛含量 F(g/kg)		
检测时异常情况及处理说明			

检验人：________ 复核人：________ 绘制时间：________ ________年____月____日

表 7-11 甲醛标准贮备溶液标定原始记录格式

实验室温度		温度		甲醛标准贮备溶液温度			
滴定管编号		检定有效制		硫代硫酸钠标液配制时间			
精确量取 5.00mL 待标定的甲醛标准储备液，置于 250mL 碘量瓶中。加 30.00mL 标准碘溶液[$c(1/2I_2)=0.1$mol/L]，加 30g/100mL 氢氧化钠溶液至颜色褪到淡黄色。放暗处 10min，加入(1+5)盐酸溶液 5mL，再放暗处 10min，用[$c(Na_2S_2O_3)=0.1000$mol/L]硫代硫酸钠标准溶液滴定				甲醛标准储备液标定		试剂空白溶液	
				标定	复标	标定	复标
硫代硫酸钠标准溶液初始体积读数(mL)							
硫代硫酸钠标准溶液初始终点读数(mL)							
温度补正(mL)							
硫代硫酸钠标准溶液体积 V(mL)							
硫代硫酸钠标准溶液浓度 c_2=________ mol/L							
甲醛标准贮备溶液标定和复标浓度(mg/mL)							
甲醛标准贮备溶液平均浓度 c_1(mg/mL)							
标定人		标定日期		甲醛标准贮备溶液有效期			
复标人		标定日期					

表 7-12 各浓度甲醛标准溶液标准曲线绘制及其原始记录表格式

标准曲线绘制原始记录								
实验室温度(℃)				依据标准		GB/T 15516—1995		
仪器设备	名称及型号	可见光分光光度计　　型号						
	检定有效期							
	使用的状况			使用后状况				
甲醛标准溶液(μg/mL)				有效期				
甲醛标准体积(mL)		0.0	0.5	1.0	2.0	4.0	6.0	8.0
吸光度 A								
回归方程		$Y=f\times X+b$，　$f=$________，$b=$________						
标准曲线绘制时发生异常情况及处理说明								

绘制人：________ 复核人：________ 绘制时间： ________年____月____日

表 7-13 检测报告格式 （封面）

报告编号：________

报告页数：________

检 测 报 告

样品名称：________________________________

检测项目：________________________________

工程项目：________________________________

委托单位：________________________________

见证单位：________________________________

某市建设工程质量监督站检测中心

地址： 电话：

检测日期：

测试时使用仪器名称、型号及编号：

____

____

____

说明：

1. 报告及复印件无检测单位盖章无效。

2. 报告无编制、复合、审核人签名无效，检测报告涂改无效。

3. 如对本检测报告有疑义，请于收到本报告之日起十五日内提出。

4. 检测结果仅对来样负责。

（主页）

报告编号：________

某市建设工程质量监督站检测中心检测报告主页

样品名称		检测类型	
样品品种、型号			
生产单位、真标			
检测项目			
工程名称			
委托单位			
见证单位			
样品数量		样品收样日期	
样品生产日期		检测日期	
检验依据	《民用建筑工程室内环境污染控制规范》GB 50325－2001		
检验项目	标准要求	实测值	结果
游离甲醛含量			
总挥发性有机物（TVOC）含量			
检测结论			

检测单位盖章：________　主要检测人盖章：________　编制：________

复核：________　审核：________　签发日期：________年________月____日

共1页　第1页

第八章　日化产品的检测

第一节　日用化学品概述

一、日用化学品及其类型

日用化学品简称日化产品(Everyday chemicals Shopping Strategy for Consumers of Everyday Chemicals),是人们日常生活中使用的具有清洁、美化、清新、抑菌杀菌、保湿护肤等功能的精细化学品,主要包括洗衣粉(液)、肥皂、洗发水、沐浴露、牙膏等清洁类洗涤化学品和面霜、眼霜、护手霜、润发露等护肤、护发类化妆化学品等。日用化学品按照使用用途可分为:洗涤用品、家居用品、厨卫用品、化妆用品等。其中化妆用品和洗涤用品是应用最广泛的两大类日用化学品。本教材将主要介绍化妆用品和洗涤用品。

二、日用化学品的特点

日用化工产业是综合性很强的技术密集型产业。涉及物理化学、表面化学、胶体化学、有机化学、香料化学、化学工程、生物化学及工程、药物化学、微生物学、营养学、医学、美学的学科领域。日用化工的生产特点主要包括:

(1)对原辅材料(包括生产用水)要求严格;

(2)对设备材料、功能、安全性的要求高;

(3)对生产过程、生产环境、工艺参数控制严格;

(4)对包装材料、包装过程控制等要求严格。

日用化学品发展趋势是:

(1)原辅材料使用更多选用天然材料;

(2)更多选用生理相容性好的原辅材;

(3)更多选用生物降解性好的原辅材;

(4)更多选用安全无害的原辅材;

(5)更注重各组分的协调作用;

(6)更多使用微胶囊等技术实现组分高效安全;

(7)配方更科学人本、生产自动化程度更高。

其中,洗涤化学品发展概况:

洗涤化学品主要包括:皂类洗涤剂(固体皂、液体皂)、合成洗涤剂(洗衣粉)、洗洁精、清洁剂、浴液等。洗涤化学品发展趋势:环保、节水、高效、节能、便捷。具体表现在:

(1)无磷化,减少水体的富营养化。

(2)应用天然、温和的表面活性剂,利用多组分代替单一成分。

(3)开发新洗涤、漂白系统。采用生物酶、低温氧化还原酶,增加酶效、降低洗涤温度。

(4)开发多功能复合洗涤剂。

(5)开发洗涤产品的新剂型(如片剂)。

化妆品发展概况:

(1)应用要求的多元化刺激了品种多样化。

(2)新技术的应用导致品质不断提升。新技术应用:微乳液技术、凝胶技术、气雾剂技术、微胶囊技术。

(3)防晒与美肤是永恒的主题。

(4)时尚追求:化妆品天然化。

(5)生物技术应用:透明质酸、表皮生长因子、超氧化歧化酶、聚氨基葡萄糖等的应用。

三、日用化学品质量控制分析检测

(一)化妆品质量控制分析检测

化妆品的质量控制大致分两类:

(1)化妆品组成、性能和剂型等的质量控制。主要包括:化妆品组成性能剂型质量控制,化妆品组分质量控制,涉及原料质量控制,主要包括使用水、溶剂、表面活性剂、功能性助剂等的质量控制。化妆品配方比例控制及加工方法控制,主要涉及各组分的精确计量、加料方式、设备选用及工艺条件控制;化妆品剂型稳定性控制,涉及产品的热稳定性、抗冻稳定性等;化妆品包装规范控制。

(2)化妆品安全性能控制。主要包括化妆品中有害物质的限量控制,包括有害重金属以及有害有机化合物等的限量控制。化妆品中禁用物质 359 种,限用物质 57 种,限用防腐剂 66 种,限用紫外线吸收剂 36 种,限用着色剂 67 种。禁用物质不得在化妆品中检出,限用物质不得超出限量值。化妆品的微生物检测,微生物污染是导致化妆品变质的主要因素,微生物主要污染原因包括:化妆品原料含有微生物生长繁殖所需的碳、氮及其矿物质;化妆品具有最适宜微生物生长的环境,如水、pH 值等;化妆品生产与存放环境、设备、容器等极易感染微生物。化妆品受微生物污染的表现为:颜色变化、气味变化、结构变化。污染化妆品的污染物主要包括病源细菌、致病真菌等。

化妆品质量控制的分析检测主要内容有:原料的分析、化妆品感官及理化指标分析、化妆品的安全卫生指标分析。

(二)洗涤类日化产品质量控制分析检测

洗涤类日化产品质量控制一般包括原辅料质量控制、产品生产质量控制、产品检验控制三方面。

1.原辅材料和添加剂的控制

原料应依据所生产的洗涤产品的相关质量要求和原料本身的质量要求建立验收标准和检测方法,配置检验设施,并进行检验。如,手洗餐具洗涤剂应符合 GB 9985 标准规定,并同时满足生物降解和安全卫生的要求。

生产用水应进行过滤、软化和杀菌处理,并对处理后的生产用水进行检验,至少应建立菌落总数和水的总硬度(电导率)两项指标的控制。

2.产品生产过程控制

企业应具有配制工艺操作规程并严格执行;应根据生产配方准确称量各种原辅材料,通过双人核称严格按配方组织生产。生产中应进行中间品控制指标(感官指标、pH、快速冷却稳定性等)的检验。企业应对生产环境(包括设备、容器、空间、岗位人员)进行微生物控制与检测。

3.成品检验

企业应对成品进行检验,并应符合相关产品标准的规定。

第二节　化妆品感官指标检验

一、化妆品感官指标基本概念

化妆品是指以涂抹、喷洒或其他类似方法,施于人体表面(表皮、毛发、指甲、口唇等),起到清洁、保养、美化或消除不良气味,并对使用部位具有缓和作用的物质。一般来讲,化妆品可分为护肤化妆品、美容化妆品、发用化妆品和专用化妆品等。

作为一种特殊的商品,化妆品的消费与一般的商品不同,它具有强烈的品牌效应,消费者更注重化妆品生产企业的形象、更注重化妆品产品的质量。具体来讲,化妆品的质量特征离不开产品的安全性(确保长期使用的安全)、稳定性(确保长期的稳定)、有用性(有助于保持皮肤正常的生理功能和容光焕发的效果)和使用性(使用舒适、使人乐于使用),甚至还包括消费者的偏爱性。其中最重要的安全性和稳定性必须通过微生物学和生物化学的理论及方法来保证。

每批产品必检的项目,包括理化指标、感官指标、卫生指标中细菌总数、重量指标和外观要求。

化妆品的感官质量是决定化妆品受消费者喜爱程度的重要方面。如何确定可测定的某些物理性质和一般消费者感官反应之间的相关性,是化妆品质量评价的重要问题。

本章以"洗面奶(Facial Cleanser)和润肤霜膏感官指标检验"的工作任务为载体,展现了化妆品感官指标检验方案制定、感官指标检验方法和步骤、产品相关质量判定等的工作思路与方法,渗透了化妆品感官指标检验中涉及的化妆品类型、化妆品检验的感官指标体系、感官指标检验依据和规则、取样与留样规则、检验报告形式及填写等系统的应用性知识。

化妆品感官评价的三个阶段如下:

(1)取样。将产品从容器内取出,包括从瓶中倒出或挤出、用手指将产品从容器中挑出等。在这一阶段需要评价的感官特性为稠度,它是产品感官结构的描述,产品抵抗永久形变的性质和产品从容器中取出的难易程度。可将稠度分为三级:低稠度、中稠度和高稠度。文献上也有粘稠性的感官性质,它是产品致密程度的量度,以在拇指和食指间将产品挤出所需要的力来评估,也分为低、中、高三级。

稠度与样品的粘度、硬度、粘结性、粘弹性、粘着性和屈服值有关。例如,屈服值较高的膏霜,其表观稠度也较大;触变性适中,从软管和塑料瓶中挤出时,会产生剪切变稀,可挤出性较好。这有利于产品的灌装和处理。

(2)涂抹。根据产品的性质和功能,用手指尖把产品分散到皮肤上,以每秒两圈的速度轻轻地作圆周运动,再摩擦皮肤一段时间,然后评价其效果。主要包括可分散性和吸收性。

①可分散性。主要是指产品容易从涂抹处分散到面部的其他部位。可根据涂抹时感知的阻力来评估产品的可分散性:非常容易分散的为"柔滑";较易分散的为"滑";难于分散的为"滞"。可分散性与产品的流型、粘度、粘结性、粘弹性、胶粘性和胶着性等有关。剪切变稀程度较大的产品,可分散性较好。

②吸收性。指产品被皮肤吸收的速度。可根据皮肤感觉变化、产品在皮肤上的残留量(触感到的和可见的)和皮肤表面的变化进行评价,分为快、中、慢三级。吸收性主要与油分的结构(相对分子质量大小、支链和特定的亲合基团等)和组分(如油—水比例、渗透剂的存在等)有关。一般粘度较低的组分易于吸收。

(3)用后感觉。是指产品涂抹于皮肤上后,利用指尖评估皮肤表面的触感变化和皮肤外表的观察。这种评价包括在皮肤上产品残留物的类型和密集度、皮肤感觉的描述等。

①产品残留物类型:膜(油性或油腻)、覆盖层(蜡状或干的)、片状或粉末粒子等。残留物的量评估分少、中等、多三级。

②皮肤感觉的描述:包括干(绷紧、拉紧、收紧)、润湿(柔软)、油性(油腻)。

二、洗面奶的色泽、香型、质感检验

乳状液化妆品又称乳化体化妆品,通常将常温下呈半固态的称为膏霜,将流体状态的称为奶液或乳液。乳状液(emulsion)是互不相溶的两种液体,其中一相以微小液滴分散于另一相中所形成的体系,通常把以液珠形式存在的一相称为分散相或内相,另外一相称为分散介质或外相。化妆品乳化体中的内相和外相一般都不是单一物质而是多种水溶性组分和油溶性组分的混合物,如水相可以是水、甘油、水溶性高分子聚合物等组成,油相可以是由白油凡士林、脂肪酸、蜡类、合成油脂等组成,这样在一定程度上增加了化妆品的配方与制备难度。

为形成稳定的乳状液,必须加入乳化剂。油和水是两种互不相容的物质,即使通过振摇或搅拌,能将油相分散成无数小滴而分散于水相,但机械作用一旦停止,分散了的油滴又会重新结合。为了避免发生此现象,需要在油水体系中加入乳化剂。乳状液是热力学不稳定体系,最终是要破坏的,乳状液的不稳定性有几种可能的表现形式:分层或沉降(creaming or sedimentation)、絮凝(flocculation)、聚结(coalescence)、破乳变型或相转变、陈化。这些过程代表着乳状液不稳定性不同的表现形式或阶段。某些情况下可能是相互关联的,例如乳状液在完全破乳以前可能经历絮凝、聚结和分层。作为化妆品也并非要求体系永远稳定,只要在保质期内(3~5 年)不发生变化就可以了。

从乳化体的类型看化妆品主要有水包油型(O/W)和油包水型(W/O)两种。此外,多重乳液(W/O/W)也有采用。O/W 型产品具有较好的肤感容易涂抹,清爽不油腻,是一般的膏霜主要采用的类型,但在滋润、保湿及防水性能方面不及 W/O 型产品,适宜油性、中性肤质使用;W/O 型产品肤感一般较差,油感重,发粘不易涂展,主要适于干性皮肤制品或眼影膏、按摩膏、防晒霜等。W/O/W 型多重乳状液可消除 O/W 和 W/O 型的各自缺点,兼具两种乳状液的优点,使用性能优良,它的多重结构使内相添加的有效成分或活性物,要通过两相界面才能释放出来可延缓有效成分的释放速度延长有效成分的作用时间,达到控制释放和延时释放的效果。缺点是制作麻烦,工艺技术参数要求严格,需要有专用的乳化器,目前工业化应用很少。

三、工作任务书

工作任务书详见表 8-1。

表 8-1 洗面奶感官指标检验工作任务书

工作任务	某批次洗面奶的出厂检验		
任务情景	企业乙为企业甲加工生产若干批批量为 20000 件的洗面奶，企业乙完成了某批次的加工任务，在准备向企业甲交货前进行出厂前检验。		
任务描述	完成该批次洗面奶感官指标的检验，并根据实际检验结果作出该批次产品的质量判断（感官指标部分）。		
目标要求	(1)能按要求完成色泽、香型、外观指标检验的全过程。 (2)能根据检验结果对整批产品质量作出初步评价判断。		
任务依据	QB/T 1684、GB 5296.3、QB/T 2286—1997、QB/T 1645—2004		
学生角色	企业乙的质检部员工	项目层次	入门项目
成果形式	项目实施报告。（包括洗面奶感官指标检验意义、步骤、方法；实施过程的原始材料：领料单、采样及样品交接单、产品留样单、原始记录单、润肤霜感官指标检验报告单；知识技能小结、问题与思考）。		
备注	成果材料要求制作成规范的文档装订上交或以电子文档形式上传课程网站。		

四、标准及标准解读

(一)相关标准

(QB/T 1645—2004)洗面奶(膏)。

(二)标准的相关内容解读

(1)表面活性剂(Surfactant)型洗面奶：洗面奶中起清洁皮肤作用的主要是各类表面活性剂，该类洗面奶一般泡沫丰富，刺激性较小。

(2)脂肪酸盐型洗面奶：又可称皂基型洗面奶，该类洗面奶一般脱脂力较强，多用于油性皮肤，刺激性较大。

(3)感官指标：不需要进行化学分析或其他分析的最直接指标，可以直接利用人类的各项感官功能进行鉴定的指标。

(4)色泽：颜色和亮度。无色膏状、乳状化妆品应洁白有光泽，液状应清澈透明；有色化妆品应色泽均匀一致，无杂色。好的洗面奶色泽要适中，太暗淡显得粗糙，太油亮给人感觉油腻。

(5)香型：香气的分类，如醛香型、花香型、东方香型、馥奇香型、素心兰香型、果香型。

(6)质感：由于洗面奶所含的油脂、增稠剂、固化剂、表面活性剂等物质的不同，可以将洗面奶的质地分为四大类：乳状、霜状、啫喱、摩丝。

固状化妆品应软硬适宜；粉状化妆品应粉质细腻，无粗粉和硬块；膏状、乳状化妆品应稠度适当，质地细腻，不得有发稀、结块、剧烈干缩和分离出水等现象；液状化妆品应清澈、均匀、无颗粒等杂质。

(三)根据国标制订检验方案

1. 采样与留样

(1)采样

按抽样检验方案(N,n,AQL)随机抽取 n 件样本,作各项感官指标检测。

(2)成品留样

①成品封样:产品灌装之前,由质检室取样封存;样品量不少于1个单位产品。

②保留样品的容器必须清洁、干燥。

③样品应按照其不同性能存放在阴凉、干燥、安全避光的地方。

④样品留样标签设计见表8-2。

表8-2 样品留样标签

编号	检测日期	样品名称
样品批号	生产日期	客户名称

⑤样品应由质检室专门管理,其他人员不能擅自进入质检室。

⑥质检室应做好样品的留样档案记录,如表8-3所示。

留样档案设计(参考):

表8-3 留样室档案记录

编号	检测日期	样品名称	样品批号	生产日期	客户名称	检验人员	启封日期/签名

2. 测定与记录

(1)色泽

①取试样在室温和非阳光直射下目测观察;

②根据不同类型的洗面奶,注意观察点的区别;

③记录观察现象于原始记录表。

(2)香型

①取试样用嗅觉进行鉴别,洗面奶是否具有幽雅芬芳的香气,香气是否悠厚持久,是否有强烈的刺激性。

②记录观察现象于原始记录表。

(3)质感

①取试样适量,在室温下涂于手背或双臂内侧。

②根据不同类型的洗面奶，注意观察点的区别。

③记录观察现象于原始记录表(表8-4)。

表8-4　原始记录

洗面奶类型	色泽	香气	质感
观察点(一般规定)	无色透明有光泽、清澈透明或均匀一致，无杂色	无强烈的刺激性、较持久、幽雅芬芳	温和而不油腻、密度适中、有光泽、不会凝结成块
实测数据(观察现象)			
单项评价结论			

五、数据记录处理和检验报告

填写成品检验单和检验报告(见表8-5)。

表8-5　检测报告

<table>
<tr><td>成品名称</td><td colspan="2"></td><td>评价标准</td><td colspan="2"></td></tr>
<tr><td>样品批号</td><td colspan="2"></td><td>使用期限</td><td colspan="2"></td></tr>
<tr><td>样品规格</td><td></td><td>产品数量</td><td></td><td>抽检数量</td><td></td></tr>
<tr><td>样品状态</td><td></td><td>接收日期</td><td></td><td>检测日期</td><td></td></tr>
<tr><td>检测项目</td><td>色泽</td><td>香型</td><td colspan="3">质感</td></tr>
<tr><td>样品1</td><td></td><td></td><td colspan="3"></td></tr>
<tr><td>样品2</td><td></td><td></td><td colspan="3"></td></tr>
<tr><td>样品3</td><td></td><td></td><td colspan="3"></td></tr>
<tr><td>检测结论</td><td colspan="5"></td></tr>
</table>

编制人：________　审核人：________　批准人：________

注：对某批次的产品的检验结论，应以本批产品“接受”或“不接受”的形式来描述(不是“合格”或“不合格”)。单项评价为“合格”或“不合格”。

六、相关知识技能要点

(1)能正确完成化妆品感官指标评定。

(2)能完成检验报告的设计与书写。

(3)化妆品感官指标评定原理和操作程序。

七、观察与思考

(1)观察色泽应注意哪些外部条件？为什么？
(2)色泽不正常通常是由哪些原因造成的？
(3)嗅香气在操作上有哪些注意点？
(4)香气不持久有哪些原因？
(5)洗面奶发稀、结块是什么造成的？
(6)如果洗面奶的色泽不达标，对成品会有什么影响？

八、参考资料

(1)(QB/T 1684)化妆品检验规则(感官指标部分)；
(2)(GB 5296.3)消费品使用说明化妆品通用标签；
(3)(QB/T 2286 — 1997)润肤乳液；
(4)(QB/T 1645—2004)洗面奶(膏)。

附：

(QB/T 1645—2004)洗面奶(膏)

(说明：以下主要展示与感官指标相关部分内容)

1. 范围

本标准规定了洗面奶(膏)的产品分类、要求、试验方法、检验规则和标志、包装、运输、贮存。

本标准适用于以清洁面部皮肤为主要目的，同时兼有保护皮肤作用的洗面奶(膏)。

2. 规范性引用文件

(略)

3. 产品分类

根据洗面奶(膏)产品的主要成分不同，可分为表面活性剂型和脂肪酸盐型两类。

4. 要求

卫生指标应符合如表 8-6 所示的要求。使用的原料应符合卫法监发〔2002〕第229 号的规定。

表 8-6　卫生指标

项目		要求
微生物指标	细菌总数(CFU/g)	≤1000(儿童用产品≤500)
	霉菌和酵母菌总数(CFU/g)	≤100
	粪大肠菌群	不得检出
	金黄色葡萄球菌	不得检出
	绿脓杆菌	不得检出
有毒物质限量	铅(mg/kg)	≤40
	汞(mg/kg)	≤1
	砷(mg/kg)	≤10

感官、理化应符合表 8-7 所示。

表 8-7　感官,理化要求

项目		要求	
		表面活性剂型	脂肪酸盐型
感官指标	色泽	符合规定色泽	
	香气	符合规定香型	
	质感	均匀一致	
理化指标		略	

净含量偏差应符合国家技术监督局令〔1995〕第 43 号的规定。

5. 试验方法

(1)卫生指标

(略)

(2)感官指标

①色泽

取试样在室温和非阳光直射下目测观察。

②香气

取试样用嗅觉进行鉴别。

③质感

取试样适量,在室温下涂于手背或双臂内侧。

(3)理化指标

(略)

6. 检验规则

按 QB/T 1684 执行。

7. 标志、包装、运输、贮存、保质期

(略)

第三节 化妆品中微生物限度检测

一、典型产品

(一)洗面奶

洗面奶也叫洁面乳,是用于清洁面部污垢,如汗液、灰尘、彩妆等的清洁用品。比起使用肥皂清洁脸部对皮肤的刺激更小,冲洗也更加容易,即使脸部的凹凸位置也能洁净。

(二)洗面奶的主要成分

油脂、水及表面活性剂是构成洗面奶的最基本的成分。为提高产品的滋润性能使之更为温和,除采用脂肪醇脂肪酸醋、矿物油脂外,配方中还要添加一些像羊毛油、角鲨烷、橄榄油等天然动植物油脂。除了去离子水以外水相中还经常加入一些多元醇(如甘油、丙二醇等)保湿剂,减轻因洗面造成的皮肤干燥。配方中表面活性剂的作用尤为重要,它既具有乳化作用(将配方中的油脂分散于水中形成白色乳液),又具有洗涤功能(在水的作用下除去污垢)。常用的表面活性剂有 N-酸基谷氨酸盐烷基磷酸醋等。除了油脂水及表面活性剂外,洗面奶配方中还要加入香精、防腐剂、抗氧化剂等添加剂以稳定产品,赋予其香气。另外,产品中加入杀菌剂、美白剂等原料还可以使之具有一些特殊功能。

(三)洗面奶的分类

1. 普通洗面奶

一种具有良好去污力、可以替代香皂、用于日常面部肌肤清洁的乳液产品。这种洗面奶应该对皮肤温和刺激性小,有油性但无油腻感。使用后应感觉清爽、滋润。适宜混合性和干性肌肤使用。

2. 泡沫洗面奶

化妆品的发泡性能经常被作为产品的一项重要感性指标,很多消费者非常喜爱具有丰富泡沫的洁肤产品。市场上也很流行具有良好发泡性并且在硬水中具有很好的发泡性能的洗面奶。这种泡沫型洗面奶通常采用的多是发泡性能很好的表面活性剂,如 AS-200、Cl75 和月桂醇醚琥珀酸醋磺酸二钠盐等阴离子表面活性剂和温和的椰油酰胺丙基甜菜碱烷基咪锉菻等两性离子。表面活性剂在使用过程中可产生大量的细腻泡沫可增加消费者在使用时的愉悦感。近年来皂基型洗面奶作为泡沫洗面奶的代表开始受到人们的喜爱，尤其是其较强的洗净度、清爽的洗后感觉，更是受到我国广大消费者的欢迎。

3. 凝胶型洗面奶

一种凝胶状态的洗面奶。这种洗面奶具有透明的胶状外观，使用方便，清澈透明的外观显得纯净、晶莹，深受消费者喜爱，是目前洁肤化妆品市场一种流行的产品剂型。此类产品与一般的洗面奶相比，配方中不含或者含有很少的油脂，但是由于在选择表面活性剂时多选用温和的品种，因此配方中虽然不像普通型洗面奶那样含有较多的油脂性成分作为润肤剂，但它的性能也还是可以做到很温和的。

4. 营养洗面奶

洗面奶配方中添加具有营养皮肤功效的活性成分如各种天然动植物提取物具生物活性的组分等使洗面奶在清洁肌肤的同时为皮肤提供营养成分具备护肤功能。

5. 磨砂洗面奶

磨砂洗面奶是20世纪90年代出现的一种洁肤化妆品，它是在洗面奶中添加一些微小的颗粒，通过这些颗粒与皮肤表面的摩擦作用，可以使洗面奶更有效地清除皮肤污垢以及皮肤表面老化的角质细胞。这种摩擦还对皮肤具有刺激血液循环和新陈代谢的作用，达到平展皮肤微细皱纹促进皮肤对营养物质的吸收的效果。另外，通过洗面奶中微小颗粒与皮肤的摩擦，可以挤压出皮肤毛孔中过剩的皮脂，使毛孔通畅，防止粉刺的产生。使用磨砂洗面奶可以在清洁皮肤的同时达到良好的美容效果。

(四)洗面奶检验的要求

洗面奶卫生指标应符合表8-8所示的要求，使用原料应符合卫法监发的〔2002〕的第229号的规定。

表8-8　洗面奶中微生物检测标准

项目	要求	依据法律法规或标准
细菌总数(CFU/g)	≤1000(儿童用产品≤500)	QBT1645－2004
霉菌和酵母菌总数(CFU/g)	≤100	QBT1645－2004
粪大肠菌群	不得检出	QBT1645－2004
金黄色葡萄球菌	不得检出	QBT1645－2004
绿脓杆菌	不得检出	QBT1645－2004

二、项目来源和任务书

项目来源和任务书详见表8-9。

表 8-9　洗面奶中细菌总数检验项目任务书

工作任务	某批次洗面奶的出厂检验		
任务情景	企业乙为企业甲加工生产若干批批量为 20000 件的洗面奶，企业乙完成了某批次的加工任务，在准备向企业甲交货前进行出厂前检验。		
任务描述	完成该批次洗面奶微生物指标的检验，并根据实际检验结果作出该批次产品的质量判断（微生物指标部分）。		
目标要求	(1)能按要求完成细菌总数检验。 (2)能根据检验结果对整批产品质量作出初步评价判断。		
任务依据	GB/T 7918.2－1987、GB7916－1987、GB7918.1－87 的应用		
学生角色	企业乙的质检部员工	项目层次	入门项目
备注	成果材料要求制作成规范的电子文档打印上交或上传课程网站。 原始记录要求表格事先设计，数据现场记录。（上传课程网站的原始记录表以原始件影印形式编入电子文档）。		

三、基本原理及实施方案

(一)查阅相关国家标准关于洗面奶中菌落总数检测方案

(1)(GB/T 7918.2－1987)化妆品微生物标准检验方法细菌总数测定。

(2)(GB7916－1987)化妆品卫生标准。

(3)(GB7918.1－87)化妆品微生物标准检验方法总则。

(二)以小组为单位设计实施方案

（略）

(三)相关标准的知识点内容解读：

1.(GB/T 7918.2－1987)化妆品微生物标准检验方法细菌总数测定

细菌总数系指 1g 或 1mL 化妆品中所含的活菌数量。测定细菌总数可用来判明化妆品被细菌污染的程度，以及生产单位所用的原料、工具设备、工艺流程、操作者的卫生状况，是对化妆品进行卫生学评价的综合依据。

本标准采用标准平板计数法。

(1)方法提要

化妆品中污染的细菌种类不同。每种细菌都有它一定的生理特性，培养时对营养要求、培养温度、培养时间、pH 值、需氧性质等均有所不同。在实际工作中，不可能做到满足所有菌的要求，因此所测定的结果，只包括在本方法所使用的条件下(在卵磷脂、吐温 80 营养琼脂上，于 37℃培养 48h)生长的一群嗜中温的需氧及兼性厌氧的细菌总数。

(2)培养基与试剂

生理盐水：氯化钠，8.5g；蒸馏水，1000mL。

溶解后分装到加有玻璃珠的锥形瓶内，每瓶 90mL，121℃ 20min 高压灭菌。

卵磷脂、吐温 80-营养琼脂培养基成分：蛋白胨，20g；牛肉膏，3g；氯化钠，5g；琼脂，15g；卵磷脂，1g；吐温 80，7g；蒸馏水，1000mL。

制法：先将卵磷脂加到少量蒸馏水中，加热熔解，加入吐温 80 将其他成分(除琼脂外)加到其余的蒸馏水中，溶解。加入已溶解的卵磷脂、吐温 80，混匀，调 pH 值为 7.1～7.4，加入琼脂，121℃ 20min 高压灭菌，储存于冷暗处备用。

0.5%的氯化三苯四氮唑(TTC)成分：TTC，0.5g；蒸馏水，1000mL。

溶解后过滤，103.43kPa(121℃，151b)20min 高压灭菌，装于棕色试剂瓶，置 4℃冰箱备用。

(3)仪器

锥形烧瓶、量筒、pH 计或 pH 试纸、高压消毒锅、试管、平皿、刻度吸管(1mL，2mL，10mL)、酒精灯、恒温培养箱、放大镜。

(4)操作程序

用灭菌吸管吸取 1∶10 稀释的检样 2mL，分别注入两个灭菌平皿内，每皿 1mL。另取 1mL 注入 9mL 灭菌生理盐水试管中(注意勿使吸管接触液面)，更换一支吸管，并充分混匀，使成 1∶100 稀释液。吸取 2mL，分别注入两个平皿内，每皿 1mL。如样品含菌量高，还可再稀释成 1∶1000，1∶10000，…，每种稀释度应换 1 支吸管。

将熔化并冷至 45～50℃的卵磷脂、吐温 80、营养琼脂培养基倾注平皿内，每皿约 15mL，另倾注一个不加样品的灭菌空平皿，作空白对照。随即转动平皿，使样品与培养基充分混合均匀，待琼脂凝固后，翻转平皿，置 37℃培养箱内培养 48h。

(5)菌落计数

先用肉眼观察，点数菌落数，然后再用放大 5～10 倍的放大镜检查，以防遗漏。记下各平皿的菌落数后。求出同一稀释度各平皿生长的平均菌落数。若平皿中有连成片状的菌落或花点样菌落蔓延生长时，该平皿不宜计数。若片状菌落不到平皿中的一半，而其余一半中菌落数分布又很均匀，则可将此半个平皿菌落计数后乘 2，以代表全皿菌落数。

(6)报告方法

首先选取平均菌落数在 30～300 个之间的平皿，作为菌落总数测定的范围。当只有一个稀释度的平均菌落数符合此范围时，即以该平皿菌落数乘其稀释倍数。

若有两个稀释度，其平均菌落数均在 30～300 个之间，则应求出两菌落总数之比值来决定。若其比值小于或等于2,应报告其平均数;若大于2,则报告其中稀释度较低的平皿的菌落数。

若所有稀释度的平均菌落数均大于300个,则应按稀释度最高的平均菌落数乘以稀释倍数报告之。

若所有稀释度的平均菌落数均小于30个,则应按稀释度最低的平均菌落数乘以稀释倍数报告之。

若所有稀释度的平均菌落数均不在30～300个之间,其中一个稀释度大于300个,而相邻的另一稀释度小于30个时,则以接近30或300的平均菌落数乘以稀释倍数报告之。

若所有的稀释度均无菌生长,报告数为每g或每mL小于10CFU。

菌落计数的报告,菌落数在10以内时,按实有数值报告之,大于100时,采用二位有效数字,在二位有效数字后面的数值,应以四舍五入法计算。为了缩短数字后面零的个数,可用10的指数来表示。在报告菌落数为“不可计”时,应注明样品的稀释度。

2.标准中的概念解读

(1)标准平板计数法

标准平板计数法又称平板菌落计数法,是种统计物品含菌数的有效方法。方法如下:将待测样品经适当稀释之后,其中的微生物充分分散成单个细胞,取一定量的稀释样液涂布到平板上,经过培养,由每个单细胞生长繁殖而形成肉眼可见的菌落,即一个单菌落应代表原样品中的一个单细胞;统计菌落数,根据其稀释倍数和取样接种量即可换算出样品中的含菌数。

(2)灭菌 Sterilization

实验室常用的灭菌方法有干热灭菌、高压蒸汽灭菌、紫外灭菌、间歇灭菌、过滤灭菌。

①高压蒸汽灭菌

高压蒸汽灭菌为湿热灭菌方法的一种,是微生物培养中最重要的灭菌方法。这种灭菌方法是基于水在煮沸时所形成的蒸汽不能扩散到外面去,而聚集在密封的容器中,在密闭的情况下,随着水的煮沸,蒸汽压力升高,温度也相应增高。

高压蒸汽是最有效的灭菌法,能迅速地达到完全彻底灭菌。一般在15磅/英寸2压力下(121.6℃),15～30分钟,所有微生物包括芽孢在内都可杀死。它适用于对一般培养基和玻璃器皿的灭菌。

进行高压蒸汽灭菌的容器是高压蒸汽灭菌锅。高压蒸汽灭菌锅是一个能耐压又可以密闭的金属锅,有立式与卧式两种。

②干热灭菌

干热灭菌法是指在干燥环境(如火焰或干热空气)中进行灭菌的技术。一般有火焰灭菌法和干热空气灭菌法。

本法适用于干燥粉末、凡士林、油脂的灭菌，也适用于玻璃器皿（如试管、平皿、吸管、注射器）和金属器具（如测定效价的钢管、针头、镊子、剪刀等）的灭菌。

微生物培养中常用的干热灭菌是指热空气灭菌。一般在电烘箱中进行。干热灭菌所需温度较湿热灭菌高，时间也较湿热灭菌长。这是因为蛋白质在干燥无水的情况下不容易凝固。一般须在160℃左右保持恒温3～4小时，方能达到灭菌的目的。

干热灭菌适用于空玻璃器皿的灭菌，凡带有橡胶的物品和培养基，都不能进行干热灭菌。

③过滤灭菌

不能用加热灭菌的液体物质（如维生素、血清），一般可用细菌过滤器进行除菌。

(3)培养基倾注平皿要求

培养基倾注应在靠近火焰的无菌区操作；

锥形瓶应伸入至培养皿内，切忌沿培养皿壁倾倒；

锥形瓶口不应接触培养皿；

具体操作方法见图8-1。

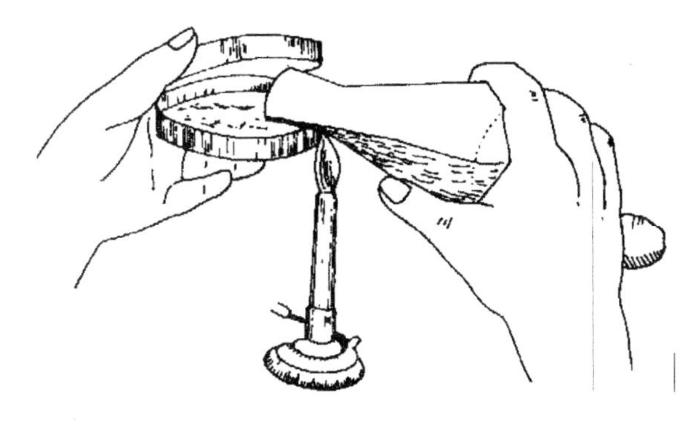

图8-1　混合倒平板操作法

(4)对照(Control)

微生物检验中对照包括阴性对照和阳性对照。

阴性对照(Negative Control)：为检验无菌操作的规范性而设立的，以加灭菌生理盐水或者不加的纯培养物。

阳性对照(Positive Control)：为检验操作正确性，以阳性菌种稀释液混合的培养物。

(四)根据国标制定检验方案

1. 采样及留样

按抽样检验方案随机抽取 n 件样本，做微生物限度标准检验。

样品的采集及注意事项：

接到样品后，应立即登记，编写检验序号，并按检验要求尽快检验。如不能及时检验，样品应放在室温阴凉干燥处，不要冷藏或冷冻。

若只有一份样品而同时需做多种分析，如微生物、毒理、化学等，应先做微生物检验，再将剩余样品做其他分析。

在检验过程中，从打开包装到全部检验操作结束，均须防止微生物的再污染和扩散，所用采样用具、器皿及材料均应事先灭菌，全部操作应在无菌室内进行，或在相应条件下，按无菌操作规定进行。

2.供检样品的制备

(1)液体样品

水溶性的液体样品，量取 10mL 加到 90mL 灭菌生理盐水中，混匀后，制成 1：10 检液。

油性液体样品，取样品 10mL，先加 5mL 灭菌液体石蜡混匀，再加 10mL 灭菌的吐温 80，在 40～44℃水浴中振荡混合 10min，加入灭菌的生理盐水 75mL(在 40～44℃水浴中预温)，在 40℃～44℃水浴中乳化，制成 1：10 的悬液。

(2)膏、霜、乳剂半固体状样品

亲水性的样品，称取 10g，加到装有玻璃珠及 90mL 灭菌生理盐水的三角瓶中，充分振荡混匀，静置 15min。取其上清液作为 1：10 的检液。

疏水性样品，称取 10g，放到灭菌的研钵中，加 10mL 灭菌液状石蜡，研磨成粘稠状，再加入 10mL 灭菌吐温 80，研磨待溶解后，加 70mL 灭菌生理盐水，在 40～44℃水浴中充分混合，制成 1：10 检液。

(3)固体样品

称取 10g，加到 90mL 灭菌生理盐水中，充分振荡混匀，使其分散混悬，静置后，取上清液作为 1：10 的检液。

如有均质器，上述水溶性膏、霜、粉剂等，可称 10g 样品加入 90mL 灭菌生理盐水，均质 1～2min；疏水性膏、霜及眉笔、口红等，称 10g 样品，加 10mL 灭菌液状石蜡，10mL 灭菌吐温 80，70mL 灭菌生理盐水，均质 3～5min。

(4)成品留样

(略)

3.检验与记录

(1)玻璃仪器清洗和灭菌

准备检验项目所需要的吸管和培养皿，并进行 160～170℃干热灭菌 2～4h。

(2)培养基和无菌生理盐水的配制和灭菌

参照国标要求配制培养基和生理盐水，并进行 121℃ 20min 高压灭菌。

(3)样品稀释梯度的建立

参照国标要求建立样品的稀释梯度。

(4)培养物的建立

参照国标要求将配制好的培养基(45～50℃)倾注平皿内，每皿约 15mL，同时每个梯度设置平行样，另根据需要建立阳性对照（以阳性菌作为检验样品注入）和阴性对照（不加样品）来判断操作的准确性。随即转动平皿，使样品与培养基充分混合均匀，待琼脂凝固后，翻转平皿，置37℃培养箱内培养48h。

四、数据记录处理和检验报告

参照国标方法检查菌落数，并按照菌落计数方法进行计数，记录菌落计数结果及报告方式（见表8-10）。

表8-10　菌落计数结果及报告方式

例次	不同稀释度平均菌落数			两稀释度菌数之比	菌落总数 CFU/mL或CFU/g	报告方式 CFU/mL或CFU/g
	10^{-1}	10^{-2}	10^{-3}			
1						
2						
3						
4						
5						
6						
7						

注：CFU为菌落形成单位。

根据对本批次的产品检验，其检验结果见检测报告（见表8-11）。

表8-11　检测报告

<table>
<tr><td>检验项目</td><td colspan="6"></td></tr>
<tr><td>供检样制备方法</td><td colspan="6"></td></tr>
<tr><td>超菌工作台菌落数(个)</td><td>平皿1</td><td></td><td>平皿2</td><td></td><td>平均</td><td></td></tr>
<tr><td>培养基名称</td><td colspan="2">卵磷脂吐温80营养琼脂</td><td>配制日期</td><td></td><td>培养温度</td><td></td></tr>
<tr><td>平皿号</td><td>10^{-1}</td><td>10^{-2}</td><td>10^{-3}</td><td colspan="3">备注</td></tr>
<tr><td>1</td><td></td><td></td><td></td><td colspan="3"></td></tr>
<tr><td>2</td><td></td><td></td><td></td><td colspan="3"></td></tr>
<tr><td>平均菌落数</td><td colspan="6"></td></tr>
<tr><td>阴性对照试验</td><td colspan="6"></td></tr>
<tr><td>菌落总数计算</td><td colspan="6"></td></tr>
<tr><td>项目结论</td><td colspan="2"></td><td>检验人</td><td colspan="3"></td></tr>
</table>

五、相关知识技能要点

(1)了解微生物检测的基本原理及操作方法。
(2)掌握正确使用高温灭菌锅、超净台、培养箱等相关设备的方法。
(3)掌握无菌操作的基本原理和注意事项。
(4)能正确完成电位滴定法测定游离甲醛的分析方法。
(5)能完成检验报告的设计与书写。

六、观察与思考

(1)在进行菌落计数时,如何计算菌落数?
(2)对于企业要求的数据,根据国标要求如何设计原始数据记录表和检验报告表?

七、参考资料

(1)GB/T 7918.2—1987。
(2)GB 7916—1987。
(3)GB 7918.1—87。

第四节　日用化工产品的常规原料质量控制检验

本节以"洗衣粉和洗洁精的常规原料质量控制检验"的工作任务为载体,展现了日用化工产品的常规原料质量控制检验方案制订、质量控制检验方法和步骤、常规原料相关质量判定等的工作思路与方法,渗透了日用化工产品的常规原料质量控制检验中涉及的日用化工产品的常规原料类型、日用化工产品的常规原料检验的质量控制指标体系、质量控制指标检验依据和规则、取样与留样规则、检验报告形式及填写等系统的应用性知识。

一、洗衣粉的常规原料十二烷基苯磺酸质量控制检验

(一)工作任务书

工作任务书详见表8-12。

表 8-12　十二烷基苯磺酸质量控制检验工作任务书

工作任务	某批次十二烷基苯磺酸的检验		
任务情景	企业乙从企业甲购入 10 吨十二烷基苯磺酸原料，需进行原料质量控制检验。		
任务描述	完成该批次十二烷基苯磺酸的检验，并根据实际检验结果作出该批次产品的质量判断（十二烷基苯磺酸含量指标部分）。		
目标要求	(1)能按要求完成十二烷基苯磺酸含量指标检验的全过程。 (2)能根据检验结果对整批产品质量作出初步评价判断。		
任务依据	GB/T 8447－2008、GB/T 5173－1995 的应用		
学生角色	企业乙的质检部员工	项目层次	入门项目
成果形式	项目实施报告。（包括十二烷基苯磺酸含量指标检验意义、步骤、方法；实施过程的原始材料：领料单、采样及样品交接单、样品留样单、原始记录单、润肤霜感官指标检验报告单；问题与思考。）		
备注	成果材料要求制作成规范的电子文档打印上交或上传课程网站。 原始记录要求表格事先设计，数据现场记录。（上传课程网站的原始记录表以原始件影印形式编入电子文档。）		

(二)工作任务实施导航

1. 十二烷基苯磺酸含量指标检验方案的制订

(1)查阅相关国家标准

①查阅途径或方法

中国标准网：www.standard.net.cn，需要在线订购各类标准。

中外标准类数据库（万方）网：http://wanfang.calis.edu.cn/Search/ResourceBrowse.aspx? by=0，需用万方账号查询。

杭州科技网：http://qbs.hznet.com.cn/bbs/wf_new.html，可免费注册，经审核后可查询全文。

浙江省科技信息研究院：杭州市环城西路 33 号 0571－85158525，可委托专业人员付费查询全文。

②查阅结果

- (GB/T 8447－2008)工业直链烷基苯磺酸。
- (GB/T 5173－1995)表面活性剂和洗涤剂、阴离子活性物的测定、直接两相滴定法。

(2)标准的相关内容解读

①十二烷基苯磺酸含量指标应符合表 8-13 所示的要求。

表 8-13　工业直链烷基苯磺酸的理化指标

项目	要求	
	优等品	合格品
烷基苯磺酸含量(质量分数)(%)	≥97	≥96
游离油含量(质量分数)(%)	≤1.5	≤2.0
硫酸含量(质量分数)(%)	≤1.5	≤1.5

②标准规定的试验方法：称取含有 3～5mmol 阴离子活性物的实验室样品，称准至 1～150mL 烧杯内。

表 8-14 是按相对分子量 360 计算的取样量，可作参考。

表 8-14　试验份质量

样品中活性物含量%(*m*/*m*)	试验份质量
15	10.0
30	5.0
45	3.2
60	2.4
80	1.8
100	1.4

将试验份溶于水，加入数滴酚酞溶液，并按需要用氢氧化钠溶液或硫酸溶液中和到呈淡粉红色。定量转移至 1000mL 的容量瓶中，用水稀释到刻度，混匀。

用移液管移取 25mL 试样溶液至具塞量筒中，加 10mL 水，15mL 三氯甲烷和 10mL 酸性混合指示剂溶液，按 GB/T 5173－1995 4.6.2.2 所述，用氯化苄苏鎓溶液滴定至终点。

(3)根据国标制订检验方案

①采样

按抽样检验方案(N，*n*，AQL)随机抽取 *n* 件样本，作各项烷基苯磺酸理化指标检测。

②样品留样

- 样品封样：原料验收之前，由质检室取样封存；样品量不少于 1 个单位产品。
- 保留样品的容器必须清洁、干燥。
- 样品应按照其不同性能存放在阴凉、干燥、安全避光的地方。
- 样品留样标签设计见表 8-15。

表 8-15　样品留样标签

编号	检测日期	样品名称
样品批号	生产日期	客户名称

- 样品应由质检室专门管理，其他人员不能擅自进入质检室。
- 质检室应做好样品的档案记录，样品档案设计（表 8-16）。

表 8-16　留样室档案记录

编号	检测日期	样品名称	样品批号	生产日期	客户名称	检验人员	启封日期

③测定与记录（见表 8-17）

阴离子活性物含量 X 以质量百分数（%）表示，计算式为：

$$X=\frac{4\times c_3\times V_3\times M_r}{m_3}$$

式中：X—阴离子活性物含量（%）；

c_3—氯化苄苏鎓溶液的浓度（mol/L）；

V_3—滴定时所耗用的氯化苄苏鎓溶液体积（mL）；

M_r—阴离子活性物的平均相对分子量；

m_3—试样质量（g）。

表 8-17　原料检验原始记录

<table>
<tr><td>原料名称</td><td colspan="3"></td><td colspan="2">原料编号</td><td colspan="3"></td></tr>
<tr><td>标液名称</td><td colspan="3"></td><td colspan="2">标液浓度</td><td colspan="3"></td></tr>
<tr><td>测定日期</td><td colspan="3"></td><td colspan="2">室温℃</td><td colspan="3"></td></tr>
<tr><td>复测日期</td><td colspan="3"></td><td colspan="2"></td><td colspan="3"></td></tr>
<tr><td>计算公式</td><td colspan="8"></td></tr>
<tr><td></td><td>1</td><td>2</td><td>3</td><td>4</td><td>5</td><td>6</td><td>7</td><td>8</td></tr>
<tr><td>样品重量(g)</td><td></td><td></td><td></td><td></td><td></td><td></td><td></td><td></td></tr>
<tr><td>标液消耗(mL)</td><td></td><td></td><td></td><td></td><td></td><td></td><td></td><td></td></tr>
<tr><td>滴定管校正数(mL)</td><td></td><td></td><td></td><td></td><td></td><td></td><td></td><td></td></tr>
<tr><td>温度校正数(mL)</td><td></td><td></td><td></td><td></td><td></td><td></td><td></td><td></td></tr>
<tr><td>空白值(mL)</td><td></td><td></td><td></td><td></td><td></td><td></td><td></td><td></td></tr>
<tr><td>测定结果</td><td></td><td></td><td></td><td></td><td></td><td></td><td></td><td></td></tr>
<tr><td>测定结果平均值</td><td colspan="4"></td><td colspan="2">复测结果平均值</td><td colspan="2"></td></tr>
<tr><td>平均值</td><td colspan="8"></td></tr>
</table>

测定人：________　　复测人：________

④原料检验单和检验报告（见表 8-18 和表 8-19）

表 8-18　原料检验单

原料名称			原料编号		
规格			出库处		
生产日期		原料编号		检验者	
检验日期		检验编号		取样者	
取样量		取样地点		取样方法	
No.	检验项目	标准规定	实测数据	单项评价	
1	烷基苯磺酸含量 (质量分数)(%)	≥97(优等品) ≥96(合格品)			
2					
3					
4			—	—	
5			—	—	
6			—	—	
7			—	—	

表 8-19　检测报告

(原料□　　成品□　半成品□)

产品名称		样品编号			
样品批号		生产日期			
样品规格					
产品数量		抽检数量			
样品状态		接收日期		检测日期	
检测项目					
评价标准					
检测依据					
抽检合格数					
检测结论					

编制人:　　　　　　　审核人:　　　　　　　　　　　批准人:

年　月　日

注:对某批次的产品的检验结论,应以本批产品“接受”或“不接受”的形式来描述(不是“合格”或“不合格”)。单项评价为“合格”或“不合格”。

2. 十二烷基苯磺酸含量指标检验步骤引导

(1)取样与留样

按抽样检验方案随机抽取样本作各项理化指标检测。同时留样封存,按表 8-15 填写标签存于留样室,做好样品留样的档案记录(见表 8-16)。

(2)测定

称取含有 3～5mmol 阴离子活性物的实验室样品,称准至 1mg,倒入 150mL 烧杯内。将试验份溶于水,加入数滴酚酞溶液,并按需要用氢氧化钠溶液或硫酸溶液中和到呈淡粉红色。定量转移至 1000mL 的容量瓶中,用水稀释到刻度,混匀。

用移液管移取 25mL 试样溶液至具塞量筒中,加 10mL 水,15mL 三氯甲烷和 10mL 酸性混合指示剂溶液,按 GB/T 5173－1995 4.6.2.2 所述,用氯化苄苏鎓溶液滴定至终点。

填写原料检验原始记录(见表 8-17)。

(3)填写原料检验单(见表 8-18)和检验报告(见表 8-19)

其中,检验结论的评定:

抽检样品合格数≥AQL,则该批产品判为“接受”,抽检样品合格数<AQL,则该批产品判为“不接受”。

(三)问题与思考

(1)检验时应称取十二烷基苯磺酸样品多少克?为什么?

(2)容量瓶定容操作应注意什么?

(3)氯化苄苏鎓溶液的浓度如何确定?

(4)测定中滴定速度如何控制?

(5)检验时主要误差有哪些?

(6)如果烷基苯磺酸含量不达标,对成品会有什么影响?

二、洗洁精常规原料 α-烯基磺酸钠(AOS)质量控制检验

(一)工作任务书

工作任务书详见表 8-20。

表 8-20 α-烯基磺酸钠(AOS)活性物含量指标检验项目任务书

工作任务	某批次 α-烯基磺酸钠(AOS)的检验		
任务情景	企业乙从企业甲购入 5 吨 α-烯基磺酸钠(AOS)原料,需进行原料质量控制检验。		
任务描述	编制该批次 α-烯基磺酸钠(AOS)的检验方案,并根据实际检验结果或设定的抽检结果作出该批次产品的质量判断(活性物含量指标部分)。		
目标要求	(1)能按要求独立完成 α-烯基磺酸钠(AOS)活性物含量指标检验的方案的制订,并形成规范电子文稿; (2)能按方案正确完成 α-烯基磺酸钠(AOS)活性物含量指标检验操作和正确判断; (3)能根据检验结果对整批原料质量作出初步评价判断。		
任务依据	GB/T 20200—2006、GB/T 5173—1995 的应用		
学生角色	企业乙的质检部员工	项目层次	自主项目
成果形式	1. α-烯基磺酸钠(AOS)活性物含量指标的检验方案; 2. 项目实施报告。(包括活性物含量指标检验意义、步骤、方法;实施过程的原始材料:领料单、采样及样品交接单、产品留样单、原始记录单、活性物含量指标检验报告单;问题与思考。) 3. 问题与思考。		
备注	成果材料要求制作成规范的电子文档打印上交或上传课程网站。 原始记录要求表格事先设计,数据现场记录。(上传课程网站的原始记录表以原始件影印形式编入电子文档。)		

(二)问题与思考

(1)原料质量检验可参照的基本依据有哪些?

(2)GB 及 QB/T 分别代表什么?

(3)α-烯基磺酸钠理化指标应符合哪些要求?

(4)比较烷基苯磺酸和 α-烯基磺酸钠指标检验的异同。

(5)原料样品留样的意义?

三、洗衣粉的常规原料工业用三聚磷酸钠质量控制检验

(一)工作任务书

工作任务书详见表 8-21。

表 8-21　三聚磷酸钠质量控制检验工作任务书

工作任务	某批次三聚磷酸钠的检验		
任务情景	企业乙从企业甲购入 3 吨三聚磷酸钠原料,需进行原料质量控制检验。		
任务描述	完成该批次三聚磷酸钠的检验,并根据实际检验结果作出该批次产品的质量判断(总五氧化二磷含量指标部分)。		
目标要求	(1)能按要求完成三聚磷酸钠中总五氧化二磷含量指标检验的全过程。 (2)能根据检验结果对整批产品质量作出初步评价判断。		
任务依据	GB/T 9984—2008 的应用		
学生角色	企业乙的质检部员工	项目层次	入门项目
成果形式	项目实施报告。(包括三聚磷酸钠中总五氧化二磷含量指标检验意义、步骤、方法;实施过程的原始材料:领料单、采样及样品交接单、样品留样单、原始记录单、三聚磷酸钠中总五氧化二磷含量指标检验报告单;问题与思考。)		
备注	成果材料要求制作成规范的电子文档打印上交或上传课程网站。 原始记录要求表格事先设计,数据现场记录。(上传课程网站的原始记录表以原始件影印形式编入电子文档。)		

(二)工作任务实施导航

1. 制订三聚磷酸钠中总五氧化二磷含量指标检验方案

(1)查阅相关国家标准

①查阅途径或方法

中国标准网:www. standard. net. cn,需要在线订购各类标准。

中外标准类数据库(万方)网:http://wanfang. calis. edu. cn/Search/ResourceBrowse. aspx? by=0,需用万方账号查询。

杭州科技网:http://qbs. hznet. com. cn/bbs/wf_new. html,可免费注册,经审核后可查询全文。

浙江省科技信息研究院:杭州市环城西路 33 号 0571—85158525,可委托专业

人员付费查询全文。

②查阅结果

(GB/T 9984—2008)工业三聚磷酸钠试验方法。

(2)标准的相关内容解读

①工业三聚磷酸钠的理化指标

工业三聚磷酸钠中五氧化二磷含量指标应符合表 8-22 的要求。

表 8-22　工业三聚磷酸钠的理化指标

项目	要求		
	优级	一级	二级
五氧化二磷含量(质量分数)(%)	≥57.0	≥56.5	≥55.0

②标准规定的试验方法——磷钼酸喹啉重量法

原理:在硝酸存在下,将试验份煮沸水解。在丙酮存在下,使磷酸盐成为磷钼酸喹啉 1 沉淀,将沉淀过滤、洗涤、干燥并称量。

试验程序:称取 1g 试验样品(准至 0.0002g)。

空白试验:在测定的同时,按照测定的同样程序和使用相同量的全部试剂做一空白试验。

测定:

试液的配制:将试验份用水溶解,转入 1000mL 容量瓶中,稀释至刻度,充分摇匀。此溶液临用时制备,必要时过滤。

试验份的水解、沉淀、过滤:移取 25.0mL 试液于一个 400mL 烧杯中,用水稀释至 100mL,加入 8mL 硝酸,盖上表玻璃,置电热板上煮沸 40min,趁热加入 50mL 柠檬酸钼酸钠试剂,调节温度使维持 75±5℃约 30s。加入沉淀试剂,不要搅拌,以免形成凝块。冷却至室温。

用预先在 180℃干燥恒重过的玻璃过滤坩埚,以真空抽滤。用倾泻法过滤、洗涤六次,每次用水约 30mL。然后用洗瓶将沉淀冲洗至过滤坩埚,再洗涤四次,每次需待水抽滤干后,再加下一份洗涤用水。

干燥和称量:将带有沉淀的过滤坩埚置于 180±1℃的烘箱中,从温度稳定开始计保持 45min,然后移入盛有良好硅胶干燥器中冷却 30min,称量,准至 0.0001g。

(3)根据国标制订检验方案

①采样

按抽样检验方案(N,n,AQL)随机抽取 n 件样本,作各项工业三聚磷酸钠理化指标检测。

②样品留样

- 样品封样:原料验收之前,由质检室取样封存;样品量不少于 1 个单位产品。
- 保留样品的容器必须清洁、干燥。
- 样品应按照其不同性能存放在阴凉、干燥、安全避光的地方。
- 样品留样标签设计见表 8-23。

表 8-23　样品留样标签

编号	检测日期	样品名称
样品批号	生产日期	客户名称

- 样品应由质检室专门管理，其他人员不能擅自进入质检室。
- 质检室应做好样品的档案记录，留样档案设计见表 8-24。

表 8-24　留样室档案记录

编号	检测日期	样品名称	样品批号	生产日期	客户名称	检验人员	启封日期/签名

③测定与记录(见表 8-25)

以质量百分数表示的五氧化二磷含量按式(8-2)计算：

$$X=\frac{(m_1-m_2)\times 0.03207\times 100}{m_0\times 25/1000} \tag{8-2}$$

式中：m_1—测定中获得的沉淀质量(g)；

m_2—空白试验得到的沉淀质量(g)；

m_0—试验份的质量(g)；

0.03207—磷钼酸喹啉换算为五氧化二磷的系数；

25/1000—测定所取试验的体积与样品溶液体积之比。

取两次测定的平均值作为结果，两次测定之差小于 0.2%。

表 8-25　原料检验原始记录

原料名称				原料编号				
标液名称				标液浓度				
测定日期				室温℃				
复测日期								
计算公式								
	1	2	3	4	5	6	7	8
样品重量(g)								
沉淀重量(g)								
测定结果								
测定结果平均值					复测结果平均值			
平均值								

测定人：________　　　　复测人：________

④原料检验单(表8-26)和检验报告(表8-27)

表8-26 原料检验单

原料名称			原料编号		
规格			出库处		
生产日期		原料编号		检验者	
检验日期		检验编号		取样者	
取样量		取样地点		取样方法	
No.	检验项目	标准规定	实测数据	单项评价	
1	五氧化二磷含量(质量分数)(%)	≥57.0(优级) ≥56.5(一级) ≥54.0(二级)			
2					
3					
4			—	—	
5			—	—	
6			—	—	
7			—	—	

表8-27 检测报告

(原料□ 成品□ 半成品□)

产品名称		样品编号			
样品批号		生产日期			
样品规格					
产品数量		抽检数量			
样品状态		接收日期		检测日期	
检测项目					
评价标准					
检测依据					
抽检合格数					
检测结论					

编制人：　　　　审核人：　　　　批准人：

年　月　日

注:对某批次的产品的检验结论,应以本批产品“接受”或“不接受”的形式来描述(不是“合格”或“不合格”)。单项评价为“合格”或“不合格”。

2. 工业三聚磷酸钠中五氧化二磷含量指标检验步骤引导

(1)取样与留样

按抽样检验方案随机抽取样本作各项理化指标检测。同时留样封存，按表格填写标签存于留样室，做好样品留样的档案记录。

(2)测定

称取 1g 试验样品(准至 0.0002g)。

①空白试验

在测定的同时，按照测定的同样程序和使用相同量的全部试剂作一空白试验。

②测定

试液的配制：将试验份用水溶解，转入 1000mL 容量瓶中，稀释至刻度，充分摇匀。此溶液临用时制备，必要时过滤。

试验份的水解、沉淀、过滤：移取 25.0mL 试液于一个 400mL 烧杯中，用水稀释至 100mL，加入 8mL 硝酸，盖上表玻璃，置电热板上煮沸 40min，趁热加入 50mL 柠檬酸钼酸钠试剂，调节温度使维持 75±5℃约 30s。加入沉淀试剂，不要搅拌，以免形成凝块。冷却至室温。

用预先在 180℃干燥恒重过的玻璃过滤坩埚，以真空抽滤。用倾泻法过滤、洗涤六次，每次用水约 30mL。然后用洗瓶将沉淀冲洗至过滤坩埚，再洗涤四次，每次需待水抽滤干后，再加下一份洗涤用水。

干燥和称量：将带有沉淀的过滤坩埚置于 180±1℃的烘箱中，从温度稳定开始计保持 45min，然后移入盛有良好硅胶干燥器中冷却 30min，称量，准至 0.0001g。

填写原料检验原始记录(见表 8-25)。

(3)填写原料检验单(见表 8-26)和检验报告(见表 8-27)

其中，检验结论的评定：

抽检样品合格数≥AQL，则该批产品判为“接受”，抽检样品合格数<AQL，则该批产品判为“不接受”。

(三)问题与思考

(1)检验时应称取三聚磷酸钠样品多少克？为什么？

(2)试验份的水解、沉淀、过滤操作应注意什么？

(3)如何判断沉淀已经干燥？

(4)干燥和称量操作应注意什么？

(5)检验时主要误差有哪些？

(6)如果五氧化二磷含量不达标，对成品会有什么影响？

四、洗涤剂的常规原料4A沸石质量控制检验

(一)工作任务书

工作任务书详见表8-28。

表8-28　4A沸石钙交换能力指标检验项目任务书

工作任务	某批次4A沸石的检验		
任务情景	企业乙从企业甲购入3吨4A沸石原料，需进行原料质量控制检验。		
任务描述	编制该批次4A沸石的检验方案，并根据实际检验结果或设定的抽检结果作出该批次产品的质量判断(钙交换能力指标部分)。		
目标要求	(1)能按要求独立完成4A沸石钙交换能力指标检验的方案的制定，并形成规范电子文稿； (2)能按方案正确完成4A沸石钙交换能力指标检验操作和正确判断； (3)能根据检验结果对整批原料质量作出初步评价判断。		
任务依据	QB/T 1768—2003的应用		
学生角色	企业乙的质检部员工	项目层次	自主项目
成果形式	1.4A沸石钙交换能力指标的检验方案； 2.项目实施报告。(包括4A沸石钙交换能力指标检验意义、步骤、方法；实施过程的原始材料：领料单、采样及样品交接单、产品留样单、原始记录单、4A沸石钙交换能力指标检验报告单；问题与思考。)		
备注	成果材料要求制作成规范的电子文档打印上交或上传课程网站。 原始记录要求表格事先设计，数据现场记录。(上传课程网站的原始记录表以原始件影印形式编入电子文档。)		

(二)问题与思考

(1)检验时应称取4A沸石样品多少克？为什么？
(2)检验时主要误差有哪些？
(3)4A沸石理化指标应符合哪些要求？
(4)比较三聚磷酸钠和4A沸石指标检验的异同。
(5)4A沸石钙交换能力测定(快速法)的终点如何判断？
(6)如果4A沸石钙交换能力不达标，对成品会有什么影响？

(三)知识技能要点(相关知识链接)

(1)随机抽样的方法与规范。
(2)采样与留样方法与规范。
(3)洗涤剂主要原料理化指标相关知识。

附：

杭州×××有限公司——产品留样管理制度及考核办法

1. 目的

保证产品质量的可对比性和可追溯性。

2. 封样范围

适用于所用原辅料、半成品及经检验合格出厂产品的留样及其他产品的留样。

3. 主要内容

(1)原料留样

①每批原料进厂后，质检员取样检验并留样，贴上标签，标签上写明名称、进仓日期、供应商、进货量。

②所有原料均应保留三年。

③如化验室人员需查看、借用留样原料，必须经得原料化验室主管人员同意并在其陪同下，方可查看；如别的部门需查看、借用，必须经技术主管或质检主管同意，在原料质检员陪同下，方可查看、借用。凡是在化验室借用留样原料的必须在原料员处登记。

(2)半成品留样

①对车间所有批量生产的半成品，检验员必须在规定的时间内检验。检验合格后留样，并在标签上写明名称、批号、生产量、生产日期，统一放于半成品留样柜。

②半成品留样期限为三年，对已过保质期的留样及时清理。

③如化验室人员需查看、借用留样原料，必须经得原料化验室主管人员同意并在其陪同下，方可查看；如别的部门需查看、借用，必须经技术主管或质检主管同意，在原料质检员陪同下，方可查看、借用。凡是在化验室借用留样原料的必须在原料员处登记。

(3)成品留样

①成品封样：产品灌装之前，由质检室取样封存；样品量不少于1个单位产品。

②保留样品的容器必须清洁、干燥。

③样品应按照其不同性能存放在阴凉、干燥、安全避光的地方。

④样品应标识客户名称、样品名称、批号、生产日期、编号。

⑤样品应由质检室专门管理，其他人员不能擅自进入质检室。

⑥质检室应做好样品的档案记录。

⑦样品的借用或领用应经质检室批准，才能给予借用或领用。

⑧样品封存保存期三年零一个月。

⑨样品在整个保存期应保持完整无损。

⑩样品的报废应经质检室主任批准，并办理相关登记手续后方能报废。

(4)考核办法

①每日的留样检查、处理由技术部门负责。

②每季由厂部组织，技术部门对质检部门的留样工作进行检查、评定。

③各类产品留样检查均需做好记录，存档备查(见表 8-35)。

④具体考核办法(见表 8-36)。

(四)参考资料

表 8-29　×××有限公司原料检验原始记录

原料名称				原料编号				
标液名称				标液浓度				
测定日期				室温℃				
复测日期								
计算公式								
	1	2	3	4	5	6	7	8
样品重量(g)								
标液消耗(mL)								
滴定管校正数(mL)								
温度校正数(mL)								
空白值(mL)								
测定结果								
测定结果平均值					复测结果平均值			
平均值								

测定人：________　复测人：________

表 8-30　杭州×××有限公司原料检验单

原料名称			原料编号		
规格			出库处		
生产日期		原料编号		检验者	
检验日期		检验编号		取样者	
取样量		取样地点		取样方法	
No.	检验项目	标准规定	实测数据	单项评价	
1	烷基苯磺酸含量(质量分数)(%)	≥97(优等品) ≥96(合格品)			
2					
3					
4					
5					
6					
7					
8					
9					
10					
11					

表 8-31　×××有限公司检测报告

（原料□　　成品□　半成品□）

产品名称		样品编号			
样品批号		生产日期			
样品规格					
产品数量		抽检数量			
样品状态		接收日期		检测日期	
检测项目					
评价标准					
检测依据					
抽检合格数					
检测结论					

编制人：________　　审核人：________　　批准人：________

年　月　日

表 8-32　×××有限公司原料检验原始记录

原料名称				原料编号				
标液名称				标液浓度				
测定日期				室温(℃)				
复测日期								
计算公式								
	1	2	3	4	5	6	7	8
样品重量(g)								
沉淀重量(g)								
测定结果								
测定结果平均值					复测结果平均值			
平均值								

测定人：________　复测人：________

表 8-33 ×××有限公司原料检验单

原料名称			原料编号		
规格			出库处		
生产日期		原料编号		检验者	
检验日期		检验编号		取样者	
取样量		取样地点		取样方法	
No.	检验项目	标准规定	实测数据	单项评价	
1	五氧化二磷含量（质量分数）(%)	≥5.70(优级) ≥56.5(一级) ≥54.0(二级)			
2					
3					
4			—	—	
5			—	—	
6			—	—	
7			—	—	
8			—	—	

表 8-34 ×××有限公司检测报告

（原料□ 成品□ 半成品□）

产品名称		样品编号		
样品批号		生产日期		
样品规格				
产品数量		抽检数量		
样品状态		接收日期		检测日期	
检测项目					

表 8-35 留样检查记录

标记	处数	更改单号	审批人	更改人	生效日期
					年 月 日
					年 月 日
					年 月 日

编制：______ 审核：______ 批准：______ 归口部门：质检室

____年__月__日发布 ____年__月__日实施

表 8-36 留样考核办法

序号	考核项目、要求	考核办法	考核对象
1	所有的原材料、半成品、成品均应留样	抽查原材料、半成品、成品的留样记录和相应的实物	质检室
2	留样瓶上应注明名称、进仓日期、进货量、批号、生产量、生产日期、留样日期	抽查近期产品的留样	质检室
3	应做好样品留样的档案记录	抽查样品的留样记录	质检室
4	对样品留样的放置应分类、整洁放置	对留样室进行检查	质检室
5	对样品的查看、借用及报废应有相关的程序	抽查相关的登记记录	质检室

4. 相关国家标准、行业标准及规范

(1)(GB/T 8447—2008)工业直链烷基苯磺酸。

(2)(GB/T 5173—1995)表面活性剂和洗涤剂・阴离子活性物的测定・直接两相滴定法。

(3)(GB/T 5177)工业直链烷基苯。

(4)(GB/T 5178)表面活性剂、工业直链烷基苯磺酸钠平均相对分子质量的测定・气液色谱法。

(5)(GB/T 6366)表面活性剂、无机盐含量的测定、滴定法。

(6)(GB/T 13173.1)洗涤剂样品分样法。

(7)(QB/T 1768—2003)洗涤剂用 4A 沸石。

(8)(GB/T 9984—2008)工业三聚磷酸钠试验方法。

5. 网络资源导航

(1)课程网(http://www.hzvtc.edu.cn/web/jpjx.asp)。

(2)国家标准网(http://www.gb168.cn/www.standard.net.cn)(在线订购标准)。

(3)中外标准类数据库(万方)网(http://wanfang.calis.edu.cn/Search/ResourceBrowse.aspx? by=0)。

第五节 合成洗涤剂的检验

一、典型产品

(一)洗衣粉

洗衣粉是一种碱性的合成洗涤剂,洗衣粉主要由阴离子表面活性剂——烷基苯磺酸钠，少量非离子表面活性剂和一些助剂，磷酸盐、硅酸盐、元明粉、荧光剂、酶等，经混合、喷粉等工艺制成。现在大部分用 4A 氟石代替磷酸盐。

（二）洗衣粉的主要成分

洗衣粉的成分共有五大类：活性成分、助洗成分、缓冲成分、增效成分、分散剂 LBD-1、辅助成分。

1. 活性成分

活性成分是洗涤剂中起主要作用的成分，是一类被称作表面活性剂的物质，它作用是减弱污渍与衣物间的附着力，在洗涤水流以及手搓或洗衣机的搅动等机械力的作用下，使污渍脱离衣物，从而达到洗净衣物的目的。

2. 助洗成分

洗衣粉中的助洗剂是用量最大的成分，一般会占到总组成的 15%～40%。助洗剂的主要作用就是通过束缚水中所含的硬度离子，使水得以软化，从而保护表面活性剂使其发挥最大效用。所谓含磷、无磷洗涤剂，实际是指所用的助洗剂是磷系还是非磷系物质。

3. 缓冲成分

衣物上常见的污垢，一般为有机污渍，如汗渍、食物、灰尘等。有机污渍一般都是酸性的，使洗涤溶液处于碱性状态有利于这类污渍的去除，所以洗衣粉中都配入了相当数量的碱性物质。一般常用的是纯碱和水玻璃。

4. 增效成分

为了使洗涤剂具有更好和更多的与洗涤相关的功效，越来越多的洗涤剂含有特殊功能的成分，这些成分能有效地提高和改善洗涤剂的洗涤性能。

根据功能要求，洗涤剂中使用的增效成分有这样几类：提高洗净效果的，如酶制剂（蛋白酶、脂肪酶、淀粉酶等）、漂白剂、漂白促进剂等；改善白度保持的，如抗再沉积剂、污垢分散剂 LBD-1、酶制剂（纤维素酶）、荧光增白剂、防染剂；保护织物改善织物手感的，如柔软剂、纤维素酶、抗静电剂、护色剂等。

5. 辅助成分

这类成分一般不对洗涤剂的洗涤能力起提高改善作用，但是对产品的加工过程以及产品的感官指标起较大作用，比如使洗衣粉颜色洁白、颗粒均匀、无结块、香气宜人等。

（三）洗衣粉的分类

1. 产品分类及代码

产品分类及代码见表 8-37。

表 8-37　产品分类及代码

产品分类	一级分类	二级分类	三级分类
分类代码	2	211	211.7
分类名称	日用消费品	日用化工品	洗衣粉(含洗衣膏)

2. 产品种类

洗衣粉按品种、性能和规格分为含磷(HL 类)和无磷(WL 类)两类,每类又分为普通型(A 型)和浓缩型(B 型),命名代号如下。

HL 类:含磷酸盐洗衣粉,分为 HL-A 型和 HL-B 型,分别标记为"洗衣粉 HL-A",和"洗衣粉 HL-B"。

WL 类:无磷酸盐洗衣粉,总磷酸盐(以 P_2O_5 计)≤1.1%,分为 WL-A 型和 WL-B 型,分别标记为"洗衣粉 WL-A"和"洗衣粉 WL-B"。

洗衣膏属于弱碱性产品,分为普通型(含磷酸盐的洗衣膏)和无磷型(不含磷酸盐的洗衣膏)。

(四)检验要求

1. 检验项目及重要程度

根据产品质量监督抽查实施规范(CCGF211.7—2010),洗衣粉产品检验项目及重要程度分类见表 8-38。

表 8-38　洗衣粉产品检验项目及重要程度分类

序号	检验项目	依据法律法规或标准	强制性/推荐性	检测方法	重要程度或不合格程度分类	
					A 类[a]	B 类[b]
1	总活性物含量	GB/T 13171	推荐性	GB/T 13173		●
2	总五氧化二磷(P_2O_5)含量	GB/T 13171	推荐性	GB/T 13171 GB/T 13173		●
3	游离碱(以 NaOH 计)含量	GB/T 13171	推荐性	GB/T 13171	●	
4	全部规定污布(JB-01、JB-02、JB-03)的去污力	GB/T 13171	推荐性	GB/T 13174		●
5	pH 值(0.1%溶液,25℃)	GB/T 13171	推荐性	GB/T 6368	●	
6	表观密度	GB/T 13171	推荐性	GB/T 13173		●
备注						

注:[a] 表示极重要质量项目,[b] 表示重要质量项目。极重要质量项目是指直接涉及人体健康、使用安全的指标;重要质量项目是指产品涉及环保、能效、关键性能或特征值的指标。

2. 理化性能

洗衣粉(含磷型)的理化性能应符合表 8-39 的规定。

表 8-39　洗衣粉(含磷型)的理化指标

项　目	HL-A	HL-B
外观	不结团的粉末或粒状	
表观密度(g/cm^3)	≥0.3	≥0.6
总活性物含量(%) 其中,非离子表面活剂质量分数	≥10 —	≥10 ≥6.5[a]
总五氧化五磷(P_2O_5)含量(%)	≥8.0	≥8.0
游离碱(以 NaOH 计)含量(%)	≤8.0	≤10.5
pH 值(0.1%溶液,25℃)	≤10.5	≤11.0

注:[a] 表示当总活性物质量分数≥20%时,对非离子表面活剂质量分数不作要求。

洗衣粉(无磷型)的理化性能应符合表 8-40 的规定。

表 8-40　洗衣粉(无磷型)的理化指标

项　目	WL-A	WL-B
外观	不结团的粉末或粒状	
表观密度(g/cm^3)	≥0.3	≥0.6
总活性物含量(%) 其中,非离子表面活剂质量分数	≥13 —	≥13 ≥8.5[a]
总五氧化五磷(P_2O_5)含量(%)	≤1.1	≤1.1
游离碱(以 NaOH 计)含量(%)	≤10.5	≤10.5
pH 值(0.1%溶液,25℃)	≤11.0	≤11.0

注:[a] 表示当总活性物质量分数≥20%时,对非离子表面活剂质量分数不作要求。

二、项目来源和任务书

项目来源和任务书详见表 8-41。

表 8-41　洗衣粉物理化学指标检测工作任务书

工作任务	某批次洗衣粉的出厂检验		
任务情景	企业乙为企业甲加工生产若干批批量为 20000 件的无磷洗衣粉,企业乙完成了某批次的加工任务,在准备向企业甲交货前进行出厂前检验。		
任务描述	完成该批次洗衣粉外观、总五氧化二磷、总活性物含量、游离碱和 pH 值等理化指标的检验,并根据实际检验结果作出该批次产品的质量判断。		
目标要求	(1)能按国标方法完成全过程检验。 (2)能根据检验结果对整批产品质量作出初步评价判断。		
任务依据	GB/T 13171－2004、GB/T 13173－2008、GB/T 6863－2008		
学生角色	企业乙的质检部员工	项目层次	入门项目
成果形式	项目实施报告。(包括洗衣粉理化指标检验意义、步骤、方法;实施过程的原始材料:领料单、采样及样品交接单、产品留样单、原始记录单、洗衣粉理化指标检验报告单;问题与思考。)		
备注	原始记录要求表格事先设计,数据现场记录。		

三、基本原理和实施方案

以小组为单位，查阅国标《GB/T 13171.2－2009 洗衣粉（无磷型）》、《GB/T 13171.1－2009 洗衣粉（含磷型）》、《GB/T 13173－2008 表面活性剂　洗涤剂试验方法》和《GB/T 6863－2008 表面活性剂 水溶液 pH 值的测定 电位法》，然后自行设计检测方案。

四、相关标准解读

检测指标一：外观

白色或白带色粒，不结团的粉状或粒状，观察现象记录于表 8-42 中。

检测指标二：总五氧化二磷含量（磷钼蓝比色法）

1. 原理

试样溶液滤去沸石等水不溶物后，取一定体积试液加入钼酸铵－硫酸溶液和抗坏血酸溶液，在沸水浴中加热 45min，聚磷酸盐水解成正磷酸盐并生成磷钼蓝，用分光光度计在波长 650nm 下测定吸光度 A，由标准曲线上求出相应吸光度的五氧化二磷（P_2O_5）量，计算相对样品的含量。

2. 试剂

硫酸（GB/T 625），$c(H_2SO_4)=5$mol/L 溶液。

钼酸铵－硫酸溶液：将 7.2g 四水合钼酸铵[$(NH_4)_6Mo_7O_{24}\cdot 4H_2O$]（GB/T 657）溶解于水中，加入 400mL 5mol/L 硫酸溶液，用水稀释至 1000mL。此溶液中硫酸浓度为：$c(H_2SO_4)=2$mol/L，含三氧化钼（MoO_3）约 6g/L。

抗坏血酸，25g/L 溶液：将 2.5g 抗坏血酸溶解于 100mL 水中，该溶液过 2～3d 需重新配制。

五氧化二磷标准溶液（1.00mg/mL）：将磷酸二氢钾（KH_2P0_4）（GB/T 1274）在 110℃烘箱内干燥 2h，在干燥器中冷却后称取 1.917g（称准至 0.0005g），加水溶解，移入 1000mL 容量瓶中，用水稀释至刻度，混匀。

五氧化二磷标准使用溶液（10μg/mL）：准确移取 10.0mL 五氧化二磷标准溶液（1.00mg/mL）于 1000mL 容量瓶中，用水稀释至刻度，混匀。

3. 仪器

分光光度计，波长范围 350～800nm，附有 20mm 比色皿，及其他常用玻璃仪器。

4. 程序

（1）标准曲线的制作

分别移取 10μg/mL 五氧化二磷标准使用溶液 0mL、2.0mL、4.0mL、6.0mL、8.0mL、10.0mL、15.0mL、20.0mL 至 50mL 比色管中，加水至 25mL，依次加入 10mL 钼酸铵—硫酸溶液和 2mL 抗坏血酸溶液，置于沸水浴中加热 45min，冷却，再分别转移至 100mL 容量瓶中，用水稀释至刻度，混匀。用分光光度计以 20mm 比色皿，蒸馏水作参比，于 650nm 波长处测定此系列溶液的吸光度。以净吸光度为纵坐标，五氧化二磷的量(μg)为横坐标，绘制标准曲线。

注：净吸光度是指各含五氧化二磷标准使用溶液试验液的吸光度分别扣减 0mL 五氧化二磷标准使用溶液试验液的吸光度。

(2)测定

称取 1g 试样(称准至 0.001g)于 150mL 烧杯中，加水溶解并转移至 500mL 容量瓶中，再加水至刻度，混匀。将溶液通过干的慢速定性滤纸过滤，用干烧杯收集滤液，弃去前 10mL，然后收集约 50mL 滤液备用。对于总五氧化二磷含量较低的产品(如低磷或无磷洗衣粉)，移取 25.0mL 滤液至 50mL 比色管中，按“标准曲线制作”中“依次加入……”测定该溶液的吸光度，同时作空白试验(不加试样)。对于总五氧化二磷含量较高的产品(如含磷洗衣粉)，移取 10.0mL(V)滤液，定容于 1000mL 容量瓶中，摇匀，再移取 25.0mL 至试管中，与上述同样程序测定该溶液的吸光度。

由净吸光度从标准曲线上查得相应的五氧化二磷量 m(μg)。

注：如果试验溶液的吸光度超过标准曲线上吸光度最大值，应减小试验溶液移取体积 V，重新测定。

(3)结果

计算洗衣粉中总五氧化二磷含量以质量分数 X 计，数值用百分比表示，选择下列公式之一计算。

总五氧化二磷含量较低的产品按式(8-3)计算：

$$X=\frac{m}{m_0}\times\frac{500}{25}\times10^{-4} \tag{8-3}$$

总五氧化二磷含量较高的产品按式(8-4)计算：

$$X=\frac{m}{m_0}\times\frac{500\times1000}{25\times V}\times10^{-4} \tag{8-4}$$

式中：m—试验溶液净吸光度相当于五氧化二磷的质量，单位为微克(μg)；

m_0—试样的质量，单位为克(g)；

V—用于测定吸光度溶液的体积，单位为毫升(mL)。

以两次平行测定的算术平均值表示至小数点后一位为测定结果。

检测指标三：总活性物含量测定

1. 原理

用乙醇萃取试验份，过滤分离，定量乙醇溶解物及乙醇溶解物中的氯化钠，产品中总活性物含量用乙醇溶解物含量减去乙醇溶解物中的氯化钠含量算得。需在总活性物含量中扣除水助剂时，可用三氯甲烷进一步萃取定量后的乙醇溶解物，然后扣除三氯甲烷不溶物而算得。

2. 试剂

(1)95%乙醇(GB/T 679)，新煮沸后冷却，用碱中和至对酚酞呈中性。

(2)无水乙醇(GB/T 678)，新煮沸后冷却。

(3)硝酸银(GB/T 670)，$c(AgNO_3)=1.0mol/L$ 标准滴定溶液，按 QB/T 2739 中的 4.5 配制和标定。

(4)铬酸钾(HG/T 3440)，50g/L 溶液。

(5)酚酞(GB/T 1029)，10g/L 溶液。

(6)硝酸(GB/T 626)，0.5mol/L 溶液。

(7)氢氧化钠(GB/T 629)，0.5mol/L 溶液。

(8)三氯甲烷(GB/T 682)。

3. 仪器

(1)常用实验室仪器和吸滤瓶，250mL、500mL 或 1000mL。

(2)古氏坩埚，25mL～30mL，铺石棉滤层。

铺石棉滤层，先在坩埚底与多孔瓷板之间铺一层快速定性滤纸圆片，然后倒满经在水中浸泡 24h，浮选分出的较粗的酸洗石棉稀淤浆，沉降后抽滤干，如此再铺两层较细酸洗石棉，于(105±2)℃烘箱内干燥后备用。

(3)沸水浴。

(4)烘箱，能控温于(105±2)℃。

(5)烧杯，150mL、300mL。

(6)干燥器，内盛变色硅胶或其他干燥剂。

(7)量筒，25mL、100mL。

(8)三角烧瓶，250mL。

(9)玻璃坩埚，孔径 16～30μm，约 30mL。

4. 程序

(1)乙醇溶解物的萃取

①称取试验样品约 2g，准确至 0.1g，置于 150mL 烧杯中，加入 5mL 蒸馏水，用玻璃棒不断搅拌，以分散固体颗粒和破碎团块，直到没有明显的颗粒状物。加入 5mL 无水乙醇，继续用玻璃棒搅拌，使样品溶解呈糊状，然后边搅拌边缓缓加入 90mL 无水乙醇，继续搅拌一会儿以促进溶解。静置片刻至溶液澄清，用倾泻法通过古氏坩埚进行过滤，用吸滤瓶吸滤。将清液尽量排干，不溶物尽可能留在烧杯中，再以同样方法，每次用 95%热乙醇 25mL 重复萃取、过滤，操作四次。将吸滤瓶中的乙醇萃取液小心地转移至已称量的 300mL 烧杯中，用 95%热乙醇冲洗吸滤瓶三次，滤液和洗液合并于 300mL 烧杯中(此为乙醇萃取液)。

②将盛有乙醇萃取液的烧杯置于沸腾水浴中，使乙醇蒸发至尽，再将烧杯外壁

擦干，置于(105±2)℃烘箱内干燥1h，移入干燥器中，冷却30min并称重(m_1)。

(2)乙醇溶解物中氯化钠含量的测定

将已称量的烧杯中的乙醇萃取物分别用100mL水、95%乙醇20mL溶解洗涤至250mL三角烧瓶中，加入酚酞溶液3滴，如呈红色，则以0.5mol/L硝酸溶液中和至红色刚好褪去；如不呈红色，则以0.5mol/L氢氧化钠溶液中和至微红色，再以0.5mol/L硝酸溶液回滴至微红色刚好褪去。然后加入1mL铬酸钾指示剂，用0.1mol/L硝酸银标准滴定溶液滴定至溶液由黄色变为橙色为止。

5.结果计算

①乙醇溶解物中氯化钠的质量(m_2)以克计，按式(8-5)计算：

$$m_2 = 0.0585 \times V \times c \tag{8-5}$$

式中：0.0585—氯化钠的毫摩尔相对分子质量，单位为克每毫摩尔(g/mmol)；

V—滴定耗用硝酸银标准滴定溶液的体积，单位为毫升(mL)；

c—硝酸银标准滴定溶液的浓度，单位为摩尔每升(mol/L)。

②样品中总活性物含量以质量分数X表示，按式(8-6)计算：

$$X = \frac{m_1 - m_2}{m} \times 100\% \tag{8-6}$$

式中：m_1—乙醇溶解物的质量，单位为克(g)；

m_2—乙醇溶解物中氯化钠的质量，单位为克(g)；

m—试验份的质量，单位为克(g)。

检测指标四：游离碱(电位滴定)

1.样品制备

称取试样约8g(称准至0.001g)至500mL的烧杯中，加入约250mL煮沸并冷却至室温的水，然后在电磁搅拌器上搅拌10min，使充分溶解，再转移至2000mL容量瓶中，加水定容。

2.pH计校准

打开pH计预热30min，按仪器使用方法依次用混合磷酸盐和四硼酸钠缓冲溶液校准。在测试两个或两个以上洗衣粉样品时，在更换样品之前应重新校准pH计。

3.滴定

用移液管准确移取试液50.0mL至100mL烧杯中，在电磁搅拌下用0.05mol/L盐酸标准滴定溶液滴定，并用pH计跟踪测定溶液pH。当溶液pH为9.0，并且稳定10s不变时，即为滴定终点，记录消耗盐酸标准滴定溶液的体积。

4.结果的表示

分析结果计算洗衣粉中游离碱含量X以氢氧化钠的质量百分数表示，按式(8-7)计算：

$$X\% = \frac{V \times c \times 40 \times 40}{1000m} \times 100 \tag{8-7}$$

式中：V—滴定耗用盐酸标准滴定溶液的体积，单位为毫升(mL)；

c—盐酸标准滴定溶液的浓度，单位为摩尔每升(mol/L)；

m—试验份的质量，单位为克(g)。

以两次平行测定的算术平均值表示至小数点后一位为测定结果，将实验数据和测定结果记录于表 8-42 中。

检测指标五：pH

1. pH 计的校正

用 pH6.86 和 pH9.18 标准缓冲溶液对 pH 计进行校正。

2. 试样溶液制备

称取试样 10.0g 置于烧杯中，称准至 0.001g，用蒸馏水溶解，移入 1000mL 容量瓶中，稀释至刻度，摇匀备用。

3. 测定

将上述溶液倒入烧杯中，置于磁力搅拌器上搅拌后，停止搅拌，插入电极，待 pH 计稳定 1min 读数。同一试样平行测量 2 次，测量之差不大于 0.1pH 单位，将测定结果记录于表 8-25 中。

在测定阳电荷性表面活性剂样品时，每次测量均需校正 pH 计。

五、数据记录处理和检验报告

(一)原始数据记录表

洗衣粉成品检验原始数据记录于表 8-42 中。

表 8-42　洗衣粉成品检验原始记录

<table>
<tr><td colspan="2">产品名称</td><td></td><td>取样日期</td><td colspan="2"></td></tr>
<tr><td colspan="2">批号</td><td></td><td>检验日期</td><td colspan="2"></td></tr>
<tr><td colspan="2">数量</td><td></td><td>采样数量</td><td colspan="2"></td></tr>
<tr><td colspan="2">检测依据</td><td></td><td></td><td colspan="2"></td></tr>
<tr><td colspan="2">外观</td><td colspan="4">白色或白带色粒，不结团的粉状或粒状(是，否)</td></tr>
<tr><td colspan="2">pH 值
(0.1%溶液，25℃)</td><td>pH_1＝</td><td>pH_2＝</td><td colspan="2">平均值
pH＝</td></tr>
<tr><td rowspan="6">总活性物含量</td><td rowspan="2">乙醇溶解物
m_1(g)</td><td rowspan="2">m_1＝烘后烧杯加乙醇溶解物质－空烧杯质量</td><td>平行样 1</td><td colspan="2">m_1＝</td></tr>
<tr><td>平行样 2</td><td colspan="2">m'_1＝</td></tr>
<tr><td rowspan="2">氯化物
m_2(g)</td><td rowspan="2">m_2＝硝酸银标准溶液的浓度×耗用硝酸银标准溶液的体积×0.0585</td><td>平行样 1</td><td colspan="2">m_2＝</td></tr>
<tr><td>平行样 2</td><td colspan="2">m'_2＝</td></tr>
<tr><td rowspan="2">总活性物含量 X(%)</td><td rowspan="2">$X=\frac{m_1-m_2}{m}\times100$
m(试样质量，g)＝</td><td>平行样 1</td><td>X＝</td><td rowspan="2">平均值：</td></tr>
<tr><td>平行样 2</td><td>X'＝</td></tr>
</table>

续表

<table>
<tr><td rowspan="8">总五氧化二磷含量X(磷钼蓝法)</td><td rowspan="3">标准曲线测定</td><td>$m(\mu g)$</td><td>0</td><td>20</td><td>40</td><td>60</td><td>80</td><td>100</td><td>150</td><td>200</td></tr>
<tr><td>净吸光度 A</td><td></td><td></td><td></td><td></td><td></td><td></td><td></td><td></td></tr>
<tr><td colspan="9">线性方程: 相关系数:$R=$ (标准曲线图另附)</td></tr>
<tr><td rowspan="5">试样测定</td><td colspan="2" rowspan="2">总五氧化二磷含量较低的产品:$X=\frac{m}{m_0}\times\frac{500}{25}\times10^{-4}$</td><td colspan="2">样 1 m_0:</td><td colspan="2">A_1: m_1:</td><td colspan="2">$X_1=$</td><td rowspan="2">平均值 $X=$</td></tr>
<tr><td colspan="2">样 2 m'_0:</td><td colspan="2">A_2: m_2:</td><td colspan="2">$X_2=$</td></tr>
<tr><td colspan="2" rowspan="3">总五氧化二磷含量较高的产品:$X=\frac{m}{m_0}\times\frac{500\times1000}{25\times V}\times10^{-4}$</td><td colspan="2">样 1 m_0:</td><td colspan="2">A_1: m_1:</td><td colspan="2">$X_1=$</td><td rowspan="3">平均值 $X=$</td></tr>
<tr><td colspan="2">样 2 m'_0:</td><td colspan="2">A_2: m_2:</td><td colspan="2">$X_2=$</td></tr>
<tr><td colspan="2">样 2 m':</td><td colspan="2">V_0: V'_1:</td><td colspan="2">$X'=$</td></tr>
<tr><td colspan="2" rowspan="2">游离碱含量 $X(\%)$</td><td colspan="2" rowspan="2">$X=\frac{V\times c\times40\times40}{1000m}\times100$
盐酸标准溶液浓度 $c=$</td><td colspan="2">样 1 m:</td><td colspan="2">V_1:</td><td colspan="2">X_1</td><td rowspan="2">平均值 $X=$</td></tr>
<tr><td colspan="2">样 2 m':</td><td colspan="2">V_2:</td><td colspan="2">X_2</td></tr>
<tr><td>结 论</td><td colspan="3"></td><td colspan="2">备 注</td><td colspan="5"></td></tr>
</table>

检验员(签名):________ 复核员(签名):________

(二)成品检验单和检测报告

成品检验单和检测报告如表 8-43 所示,根据测定结果填写。

表 8-43 ××××公司洗衣粉质量检验报告单

产品名称:________ No. ____________

生产数量:________ 报告日期:________

生产批号:________ 生产日期:________

抽检数量:________ 检验日期:________

检验项目	标准要求	检测依据	检验结果
外观	白色或白带色粒,不结团的粉状或粒状		
总活性物含量(%)			
总五氧化二磷含量			
游离碱(%)			
pH 值(0.1%溶液,25℃)			
结论			
备注			

检验员:________ 复核员:________

(第一联:存根; 第二联:车间; 第三联:仓库)

六、知识技能要点

(1)了解洗衣粉的主要成分和分类。
(2)了解洗衣粉成品的出厂检测指标及检测方法。
(3)规范、正确使用分光光度计、水浴锅、pH 计等相关仪器。
(4)能正确完成洗衣粉外观、总五氧化二磷、总活性物、游离碱和 pH 的测定。
(5)能设计并规范书写检验报告。

七、观察与思考

(1)什么是洗衣粉,如何分类?
(2)国标规定的洗衣粉理化指标有哪些,具体规定如何?
(3)总五氧化二磷含量的测定方法有哪些,各自原理是什么?
(4)pH 计如何校准?
(5)检验结果的判定原则是什么?

八、参考资料

(1)产品质量监督抽查实施规范(CCGF 211.7—2010)洗衣粉(含洗衣膏)。
(2)(GB/T 13171.2－2009)洗衣粉(无磷型)。
(3)(GB/T 13173－2008)表面活性剂 洗涤剂试验方法。
(4)(GB/T 6863－2008)表面活性剂 水溶液 pH 值的测定 电位法。

第六节 肥皂检测

肥皂去污缘于它的特殊分子结构,分子的一端有亲水性,另一端则有亲油脂性,在水与油污的界面上,肥皂使油脂乳化,让油脂溶于肥皂水中;在水与空气的界面上,肥皂围住空气的分子形成肥皂泡沫。原先不溶于水的污垢,因肥皂的作用,无法再依附在衣物表面而溶于肥皂泡沫中被清洗掉。

肥皂的主要原料是熔点较高的油脂。肥皂以高级脂肪酸的钠盐为最普遍,一般叫作硬肥皂,其钾盐叫作软肥皂,多用于洗发刮脸等。根据肥皂的成分,从脂肪酸部分来考虑,饱和度大的脂肪酸所制得的肥皂比较硬;反之,不饱和度较大的脂肪酸所制得的肥皂比较软。从碳链长短来考虑，一般说来，脂肪酸的碳链短，所做成的肥皂在水中溶解度大；碳链长，则肥皂溶解度小。C_{10}～C_{20}的脂肪酸钾盐或钠盐最适于做肥皂，实际上，肥皂中含C_{16}～C_{18}脂肪酸的钠盐为最普遍。肥皂中通常还含有大量的水。在成品中加入香料、染料及其他填充剂后，即得各种类型的肥皂。如：

(1)普通洗衣皂。普通黄色洗衣皂，一般掺有松香，松香是以钠盐的形式而加入的，其目的是增加肥皂的溶解度和多起泡沫，并且作为填充剂也比较便宜。

(2)白色洗衣皂。白色洗衣皂则加入碳酸钠和水玻璃(有含量可达12%)，一般洗衣皂的成分中约含30%的水分。如果，把白色洗衣皂干燥后切成薄片，即得皂片，用以洗高级织物。

(3)药皂。在肥皂中加入适量的苯酚和甲酚的混合物(防腐，杀菌)或硼酸即得药皂。

(4)透明皂、香皂。透明皂、香皂需要比较高级的原料，例如，用牛油或棕榈油与椰子油混用，制得的透明皂。制作中添加不同香精香料、染料后，压制成型即得香皂。

一、典型产品

(一)透明皂

透明皂制作原理：采用如牛油或棕榈油与椰子油混用等比较高级的油脂原料和碱相互作用生成透明皂。

(二)透明皂的制作工艺步骤

1.精炼

作用是除去油脂中的杂质。精炼过程一般包括脱胶、碱炼(脱酸)脱色。脱胶是除去油脂中的磷脂等胶质，可采用水化法，即用水将磷脂等胶质水化，然后沉淀析出；也有采用酸炼法，用浓硫酸使磷脂和类似的杂质碳化、沉淀。碱炼的主要作用是除去油脂中的游离脂肪酸，同时由于生成絮状皂，吸附而去除了油脂中的色素和杂质。

2.皂化

油脂精炼后与碱进行皂化反应。皂化主要采用沸煮法，皂锅通常呈圆柱形，配有油脂、碱液、水、盐水等的输送管道，还装有直接蒸汽或蒸汽盘管，以通入蒸汽并搅拌皂料。锅中还装有摇头管，管的上口可放在任何液位以排放锅内皂料。锅底呈锥形，下有放料管可以放出摇头管排料后剩下的残液。油脂和烧碱在皂锅内煮沸至皂化率达95%左右，皂料呈均匀的闭合状态时即停止皂化操作。

3. 盐析

在闭合的皂料中，加食盐或饱和食盐水，使肥皂与稀甘油水分离。闭合的皂胶经盐析后，上层的肥皂叫作皂粒；下层带盐的甘油水从皂锅底部排出，以回收甘油。

4. 洗涤

分出废液后，加水及蒸汽煮沸皂粒，使之成为均匀皂胶，并洗出残留的甘油、色素及杂质。

5. 碱析

碱析水完全析出的最低的碱的浓度称为碱析水极限浓度。经碱析进一步洗出皂粒内的甘油、食盐、色素及杂质，使皂粒内残留的油脂完全皂化。

6. 整理

调整碱析后皂粒内电解质及脂肪酸含量，减少杂质，改善色泽，获得最大的出皂率和质量合格的皂基。整理时要加入适量电解质(如烧碱、食盐)，调整到足以使皂料析开成上下两个皂相。上层为纯净的透明皂基，下层为皂脚。皂脚色泽深，杂质多，一般在下一锅碱析时回用。

7. 成型

皂基冷凝成大块皂板，然后切断成皂坯，经打印、干燥成透明皂产品。

(三)肥皂的产品质量指标

我国一般把皂类分为香皂、透明皂、洗衣皂和复合洗衣皂几大类。相关的产品质量标准有中华人民共和国轻工行业标准，包括：香皂(QB/T 2485－2008)、透明皂(GB/T 1913－2004)、洗衣皂(QB/T 2486－2008)、复合洗衣皂(QB/T 2487－2008)。对产品的要求、试验方法、检验规则和标志、包装、运输、储存、保质期进行了严格的规范。QB/T 2623《肥皂试验方法》该系列标准由八项标准组成，主要包括了：肥皂中游离苛性碱含量的测定(QB/T 2623.1)、肥皂中总游离碱含量的测定(QB/T 2623.2)、肥皂中总碱量和总脂肪物含量的测定(QB/T 2623.3)、肥皂中水分和挥发物含量的测定烘箱法(QB/T 2623.4)、肥皂中乙醇不溶物含量的测定(QB/T 2623.5)、肥皂中氯化物含量的测定滴定法(QB/T 2623.6)、肥皂中不皂化物和未皂化物的测定(QB/T 2623.7)、肥皂中磷酸盐含量的测定(QB/T 2623.8)。

二、项目来源和任务书

项目来源和任务书详见表8-44。

表 8-44　透明皂中干钠皂含量测定项目任务书

工作任务	透明皂产品交收检验 ——干钠皂含量及游离苛性碱、透明度的测定
项目情景	日化企业乙为企业甲加工生产一批批量为 20000 件的透明皂，企业乙完成了该加工任务。企业甲在企业乙交货时进行抽样接收检验。
任务描述	对该批透明皂中的干钠皂含量及相关指标进行测定，根据干钠皂检验结果及其他相关指标（已知合格）以判断该批次透明皂是否可接收。
目标要求	(1)能按以小组为单位在解读检测标准（参照企业标准——快速测定法）的基础上完成检测方案的制亲并形成规范电子文稿； (2)能独立完成透明皂样品处理与测定的基本操作； (3)能确定测定过程中的安全隐患并有正确的防范措施； (4)能对测定数据进行正确记录和处理； (5)正确完成检验报告。
任务依据	GB/T 1913－2004 透明皂；QB/T 2623.3－2003 干钠皂含量测定；QB/T 2485 附录 A（干钠皂测定，简化法）；《透明皂中干钠皂含量快速测定法》（企业标准）。
学生角色	企业甲质检科员工
成果形式	项目实施报告。（包括透明皂干钠皂指标检验的方法原理、步骤、数据处理、安全隐患及防范措施；实施过程的原始材料：领料单、原始记录表、透明皂指标检验报告单；问题与思考等。）
备注	原始记录表需事先设计，原始数据现场及时记录，不允许铅笔记录，如原始数据记录错误务必按规范修改。

三、基本原理和实施方案

每位同学在认真查阅解读相关检测标准 GB/T 1913－2004 透明皂、《透明皂中干钠皂含量快速测定法》（企业标准）的基础上，以检测小组为单位，讨论并确定透明皂的干钠皂指标的检测实施方案。

（一）GB/T 1913－2004 透明皂标准解读

1. 透明皂产品类型

Ⅰ型：仅含脂肪酸钠、助剂的透明皂；

Ⅱ型：含脂肪酸钠和（或）其他表面活性剂、功能性添加剂、助剂的透明皂。

2. 相关要求

原料要求：透明皂添加的各种表面活性剂的生物降解反应不低于 90%。

感官指标：

①包装外观：整洁、端正、不歪斜；包装物商标、图案、字迹应清楚；

②皂体外观：图案、字迹清晰，皂体端正，色泽均匀，无明显杂质和污迹；

③气味：无油脂酸败或不良异味。

理化性能：透明皂的理化性能应符合表8-45规定。

表8-45 透明皂的理化性能指标

项目		指标	
		Ⅰ型	Ⅱ型
干钠皂(%)	≥	≥74	—
总有效物(%)	≥	—	≥70
水分和挥发物(%)		≤25	
游离苛性碱(以NaOH计)(%)		≤0.20	
氯化物(以NaCl计)(%)		≤0.70	
透明度[(6.50±0.15)mm厚切片](%)		≥25	
发泡力(5min)(mL)		$\geqslant 4.6\times10^{2}$	

3. 试样制备

先用分度值不低于0.1g的天平称量每块皂的质量，测得其平均净含量，然后通过每块的中间互相垂直切三刀分成八份，取斜对角的两份切成薄片或捣碎，充分混合，装入洁净、干燥、密封的容器内备用。

4. 检验方法要求

表面活性剂生物降解度，按GB/T 15818—1995测定。

感官指标：

包装、皂体外观：感官目测检验。

气味：凭嗅觉鉴别。

干钠皂或总有效物：

Ⅰ型透明皂：仲裁法，按QB/T 2623.3—2003；简化法，按QB/T 2485—2000附录A测定。

Ⅱ型透明皂：按QB/T 2487—2000(4.2)测定总有效物含量。

水分和挥发物：按QB/T 2623.4—2003测定。

游离苛性碱：按QB/T 263.1—2003测定。

氯化物：按QB/T 2623.6—2003测定。

透明度：按本标准附录A进行测定。

发泡力：按GB/T 7462—1994的规定测定。

5. 检验规则

型式检验项目：包括全部项目，但其中表面活性剂的生物降解度若已知可不检。

出厂检验项目：为干钠皂或总有效物含量、游离苛性碱、透明度。

理化指标检验结果按修约值与指标比较判定合格与否，如有一项指标不合格，可重新取两倍箱样本采取样品，对不合格项进行复检，复检结果仍不合格，则判该批产品不合格。

(二)《透明皂中干钠皂含量快速测定法》企业标准解读

1. 检验方法

干钠皂含量的测定：按热板法测定。

原理：皂样经酸化生成脂肪酸，脂肪酸不溶于水，将脂肪酸与水及其他组分分离，测出脂肪酸的质量和脂肪酸的相对分子量即计算出干钠皂含量(脂肪酸钠含量)。

2. 仪器

烧杯 500mL；分液漏斗 250mL；电炉；量筒 100mL；电子天平(精确至 0.01g)。

3. 试剂

(1) H_2SO_4(1∶1)

H_2SO_4(1∶1)配制方法：于 250mL 烧杯中加入 7.5mL 蒸馏水，沿壁小心分次加入 7.5mL 浓硫酸，边加边搅拌，混匀。转移到 50mL 量筒中，备用。

注意：H_2SO_4(1∶1)配制请特别小心！注意安全。绝对不能水加入浓硫酸中!!

(2)乙醇 95%

4. 试验程序

试验准备：H_2SO_4(1∶1)配制。

热水：提前于 250mL 烧杯中加热 200mL 蒸馏水，备用。

(1)称取透明皂样品实际质量(m_1)，并记录透明皂包装上标注的规格质量(m)。

(2)将样品切成薄片备用。将肥皂薄片放在已知重量的烧杯中(去皮)，快速称取样品(m)25g(精确至 0.01g)，加入 200mL 热蒸馏水(提前加热)，放在电炉上加热溶解(贴标签：品名、样品质量、操作人员)。加入 95% 乙醇 15mL 和 1∶1H_2SO_4 15mL，继续加热分解至脂肪酸层(上层)澄清。

(3)将一粒玻璃珠加入干燥的 250mL 分液漏斗中，称重(m_0)，取出玻璃珠(待用)。脂肪酸澄清后，全部移入已知重量的 250mL 分液漏斗中，弃掉废酸水(下层)，脂肪酸用热水洗涤数次，将水放掉。

(4)将玻璃珠放入分液漏斗，于电炉上小心加热并不断旋转摇动，除去脂肪酸中的水分，用表面皿于漏斗出口处测试水气。当水分全部除去后称重(m_1)。

(5)计算按式(8-8)：

$$\text{干钠皂含量，\%：}X=\left(\frac{m_1-m_0}{m}\times 100+0.2\right)\times\frac{1.078\times M_1}{M} \tag{8-8}$$

式中：m_1—脂肪酸与分液漏斗质量之和(g)；

m_0—分液漏斗之质量(g)；

m—样品质量(g)；

M_1—实际质量(g)；

M—规格质量(g)；

0.2—化验损耗系数(实际测定得出)；

1.078—干钠皂与脂肪酸平均分子质量换算系数(测定按照 QB/T 2485－2000 附录 A)。

安全提示：

①硫酸溶液配制中应按规范使用浓硫酸；

②本操作中使用的95%乙醇为挥发性易燃溶剂，应小心操作，避免直接接触明火，试剂瓶及时加盖并尽可能远离明火；

③反应产物脂肪酸为易燃物，分液漏斗在电炉上旋转摇动应小心操作，一旦溅出，除影响测定结果外，同时也存在安全隐患。

(三)《肥皂中总碱量和总脂肪物含量的测定》标准解读

1.检验方法

原理：用已知体积的标准无机酸分解肥皂，用石油醚萃取分离析出的脂肪物，用氢氧化钠标准滴定溶液滴定水溶液中的过量酸，测定总碱含量。蒸出萃取液中的石油醚后，将残余物溶于乙醇中，再用氢氧化钾标准滴定溶液中和脂肪酸。蒸出乙醇，称量所形成的皂来测定总脂肪物含量。

2.试剂和材料

(1)丙酮(GB/T 686)；

(2)石油醚(HG/T 3—1003)，沸程 30～60℃，无残余物；

(3)95%乙醇(GB/T 679)，新煮沸后冷却，以碱中和至对酚酞呈中性；

(4)硫酸(GB/T 625)或盐酸(GB/T 622)，$c(1/2H_2SO_4)$或 $c(HCl)=1mol/L$ 标准滴定溶液，按 GB/T 601—2002 中 4.3 或 4.2 配制和标定；

(5)氢氧化钠(GB. /T629)，$c(NaOH)=lmol/L$ 标准滴定溶液，按 GB/T 601－2002 中 4.1.1 配制，甲基橙溶液作指示剂，用硫酸或盐酸标定；

(6)氢氧化钾(GB/T 2306)，$c(KOH)=0.7mo1/L$ 乙醇标准滴定溶液，参照 GB/T 601－2002 中 4.2d 配制和标定；

(7)甲基橙，lg/L 溶液，按 GB/T 603—2002 中 4.1.4.8 配制；

(8)酚酞(GB/T 10729)，10g/L 指示液，按 GB/T 603—2002 中 4.1.4.22 配制；

(9)百里香酚蓝(GB/T 15353)，lg/L 指示液，按 GB/T 603—2002 中 4.1.4.12 配制。

3.仪器

100mL 高型烧杯；500mL 或 250mL 分液漏斗；水浴装置，烘箱，索氏抽提器。

4.试样

称取透明皂样(精确至 0.001g)，4.5g。

5.试验程序

溶解试样于80mL热水中。用玻璃棒搅拌使试验份完全溶解后，趁热移入分液漏斗中，用少量热水洗涤烧杯，洗涤水加到分液漏斗中。加入几滴甲基橙溶液，然后一边摇动分液漏斗，一边从滴定管准确加入一定体积的硫酸或盐酸标准滴定溶液，使过量约5mL。冷却分液漏斗中物料至约30～40℃，加入石油醚50mL，盖好塞子，握紧塞子缓慢地倒转分液漏斗，逐渐打开分液漏斗的旋塞以泄放压力，然后关住，轻轻地摇动，再泄压。重复摇动直到水层透明，静置分层。

在使用分液漏斗时，将下面水层放入第二只分液漏斗中，用石油醚30mL萃取。重复上述操作，将水层收集在锥形瓶中，将三次石油醚萃取液合并在第一只分液漏斗中。加25mL水摇动洗涤石油醚多次，直至洗涤液对甲基橙溶液呈中性，一般洗涤三次即可(注：每次洗涤后至少静置5分钟，等两液层间有清晰的分界面才能放出水层。最后一次洗涤水放出后，将分液漏斗急剧转动，但不倒转，使内容物发生旋动，以除去附在器壁上的水滴)。将石油醚萃取液的洗涤液定量地收集入已盛有水层液的锥形烧瓶中。

(1)总碱量的测定：用甲基橙溶液作指示剂，用氢氧化钠标准滴定溶液滴定酸水层和洗涤水的混合液。

(2)总脂肪物含量的测定：将水洗过的石油醚溶液仔细地转入已称量的平底烧瓶中，必要时经干滤纸过滤，用少量石油醚洗涤分液漏斗2～3次，将洗涤液过滤到烧瓶中，注意防止过滤操作时石油醚的挥发，用石油醚彻底洗净滤纸。将洗涤液收集到烧瓶中。

在水浴上使用索氏抽提器几乎抽提掉全部石油醚。将残余物溶解在乙醇10mL中，加酚酞溶液2滴，用氢氧化钾乙醇标准滴定溶液滴定到稳定的淡粉红色为终点，记下所耗用的体积。(注：如带色皂的颜色会干扰酚酞指示剂的终点，可采用百里香酚蓝指示剂。)

在水浴上蒸出乙醇，当乙醇快蒸干时，转动烧瓶使钾皂在瓶壁上形成一薄层。

转动烧瓶，加入丙酮约5mL，在水浴上缓缓转动蒸出丙酮，再重复操作1～2次，直至烧瓶口处已无明显的湿痕出现为止，使钾皂预干燥。然后在(103±2)℃烘箱中加热至恒重，即第一次加热4h，以后每次1h，于干燥器内冷却后，称量，直至连续两次称量差不大于0.003g。

6.结果计算

(1)总碱量的计算方法和公式

肥皂中总碱量对钠皂以氢氧化钠的质量百分数(NaOH，%)表示，按式(8-9)计算：

$$总碱量(NaOH,\%)=[0.040\times(V_0\times C_0-V_1\times C_1)\times 100]/m \tag{8-9}$$

肥皂中总碱量对钾皂以氢氧化钾的质量百分数(KOH，%)表示，按式(8-10)计算：

总碱量(KOH,%)=[0.056×(V_0×C_0−V_1×C_1)×100]/m (8-10)

式中:V_0—在测定中加入的酸标准溶液的体积(mL);

C_0—所用酸标准溶液的摩尔浓度(mol/L);

V_1—耗用氢氧化钠标准滴定溶液的体积(mL);

C_1—所用氢氧化钠标准滴定溶液的摩尔浓度(mol/L);

0.040—试验中以克表示的氢氧化钠的毫摩尔质量(g/mmol);

0.056—试验中以克表示的氢氧化钾的毫摩尔质量(g/mmol);

m—试验份质量(g)。

以两次平行测定结果的算术平均值表示至小数点后一位作为测定结果。

(2)总脂肪物含量的计算方法和公式

肥皂中总脂肪物含量以质量百分数表示,按式(8-11)计算:

总脂肪物(%)=[m_1 −(V×C×0.038)]×100/m_0 (8-11)

肥皂中干钠皂含量以质量百分数表示,按式(8-12)计算:

干钠皂(%)=[m_1 −(V×C×0.016)]×100/m_0 (8-12)

式中:m_1—干钠皂的质量(g);

V—中和时耗用氢氧化钾乙醇标准滴定溶液的体积(mL);

C—所用氢氧化钾乙醇标准滴定溶液的摩尔浓度(mol/L);

0.038—以克表示的钾、氢原子的毫摩尔质量之差(即0.039～0.001)(g%mmol);

0.016—以克表示的钾、钠原子的毫摩尔质量之差(即0.039～0.023)(g/mmol);

m_0—试验份质量(g)。

以两次平行测定结果的算术平均值表示至整数个位作为测定结果。

(四)肥皂中游离苛性碱含量的测定(QB/T 2623.1—2003)标准解读

1.检验方法

中和滴定法(非水溶液)。

原理:将透明皂溶解于中性乙醇中,然后用盐酸乙醇标准溶液滴定游离苛性碱。

2.试剂与材料

(1)无水乙醇(GB/T 678);

(2)氢氧化钾(GB/T 2306),0.1mol/L 乙醇溶液,按 GB/T 601－2002－4.24.1 配制;

(3)盐酸(GB/T 622),C(HCl)=0.1mol/L 乙醇标准滴定溶液,按附录 A 配制和标定;

(4)酚酞(GB/T 10729),10g/L 指示液,按 GB/T 603－2002－4.1.4.22 配制。

3.仪器

锥形烧瓶(250mL,配 6 球回流冷凝器);封闭电炉(配调温器)。

4. 试验份

称取约 5g(精确至 0.001g)肥皂样品(薄片)于锥形瓶中。

5. 测定程序

在空锥形瓶中加入无水乙醇 150mL,连接回流冷凝器。加热至微沸,并保持 5min,驱赶二氧化碳。移去冷凝器。使其冷却至约 70℃。加入酚酞 2 滴,用氢氧化钾乙醇溶液中和至溶液呈淡粉色。

将上述处理好的乙醇倾入盛试验份的锥形瓶中,连接锥形瓶与回流冷凝器缓缓煮沸至肥皂完全溶解,使其冷却至 70℃。以盐酸乙醇标准溶液滴定至如同中和乙醇时呈现的淡粉色为终点,维持 30s 不褪色。

6. 结果计算

计算公式为:

$$\text{游离苛性碱}(\text{NaOH},\%)=\frac{0.040\times V\times c}{m}\times 100 \qquad (8\text{-}13)$$

式中:V—耗用盐酸乙醇标准滴定溶液的体积(mL);

c—盐酸乙醇标准溶液的浓度(mol/L);

0.040—以克表示的氢氧化钠的毫摩尔质量(g/mmol);

m—试验份的质量(g)。

以两次平行测定结果的算术平均值表示至小数点后 2 位作为测定结果。

(五)水分和挥发物测定(QB/T 2623.4—2003)标准解读

1. 检验方法

重量法:在规定温度下,将一定量的试样烘干至恒重,称量减少量。

2. 仪器和材料

蒸发皿,直径 6～8cm,深度 2～4cm;玻璃搅拌棒;

硅砂,粒度 0.425～0.180mm,40～100 目,洗涤并灼烧过;

烘箱,可控制温度在(103±2)℃;

干燥器,装有有效的干燥剂,如五氧化二磷,变色硅胶等。

3. 试样

称取肥皂试样(薄片)约 5g,精确至 0.01g。

4. 试验程序

将玻璃棒置于蒸发皿中,如果待分析的样品是软皂或在(103±2)℃时会融化的皂,则在蒸发皿中再放入硅砂 10g,将蒸发皿连同搅拌棒,根据需要加砂或不加砂,放入控温于(103±2)℃的烘箱内干燥。在干燥器中冷却 30min 并称量。

将试样加至蒸发皿中,如加有砂,则用搅拌棒混合,放入控温于(103±2)℃的烘箱。1h 后从烘箱中取出冷却,用搅拌棒压碎使物料呈细粉状。再置于烘箱中,3h 后,取出蒸发皿,置于干燥器内,冷却至室温称量。重复操作,每次置于烘箱内

1h，直至相继两次称量间的质量差小于0.01g为止。

记录最后称量的结果。

5. 结果计算

肥皂中水分和挥发物的含量 X，以质量百分数表示，按式(8-14)计算：

$$X(\%)=(m_1-m_2)\times100/(m_1-m_0) \tag{8-14}$$

式中：m_1—蒸发皿搅拌棒(及砂子)和试样加热前的质量(g)；

m_2—蒸发皿搅拌棒(及砂子)和试样加热后的质量(g)；

m_0—蒸发皿搅拌棒(及砂子)的质量(g)。

以两次平行测定结果的算术平均值表示至整数个位作为测定结果。

四、数据记录处理和检验报告

(一)原始数据记录

原始数据记录在表8-46中。

表8-46　透明皂检验原始记录(干钠皂含量)

No. ________

加工厂家		批号		取样日期	
数量		采样数量		检验日期	
样品编号	试验样品质量 m(g)	成品实际质量 M(g)	产品规格质量 M_0(g)	脂肪酸质量和分液漏斗质量(g)	分液漏斗质量(g)

$$干钠皂含量(\%)：X=\left(\frac{脂肪酸质量和分液漏斗质量-分液漏斗质量}{试验样品质量}\times100+0.2\right)\times1.078\times\frac{实际质量}{规格质量}$$

$$=\left(\frac{m_1-m_0}{m}\times100+0.2\right)\times1.078\times\frac{M_1}{M}$$

结论：	备注：

检验员：________　复核员：________

(二)检验报告

完成如表 8-47 所示的检验报告。

表 8-47　透明皂检验原质量检验报告

产品名称:________　　　　No. ____________

生产数量:________　　　　报告日期:________

生产批号:________　　　　生产日期:________

抽检数量:________　　　　检验日期:________

检验项目	标准要求	检验结果
干钠皂含量(%)	≥74	
游离苛性碱(以 NaOH 计)(%)	≤0.20	
透明度[(6.50±0.15)mm 厚切片](%)	≥25	
结论		
备注		

成品检验员:________　成品复核员:________

五、相关知识技能要点

(1)了解肥皂制备及去污原理。

肥皂制备原理:油脂和氢氧化钠共煮,水解为高级脂肪酸钠和甘油,前者经加工成型后就是肥皂。

皂化反应:油脂在碱性条件下的水解反应。

肥皂去污原理:肥皂分子结构可以分成两个部分。一端是带电荷呈极性的COO—(亲水部位),另一端为非极性的碳链(亲油部位)。肥皂能破坏水的表面张力,当肥皂分子进入水中时,具有极性的亲水部位,会破坏水分子间的吸引力而使水的表面张力降低,使水分子平均地分配在待清洗的衣物或皮肤表面。肥皂的亲油部位,深入油污,而亲水部位溶于水中,此结合物经搅动后形成较小的油滴,其表面布满肥皂的亲水部位,而不会重新聚在一起成大油污。此过程(又称乳化)重复多次,则所有油污均会变成非常微小的油滴溶于水中,可被轻易地冲洗干净。肥皂去污的过程是一个相当复杂的过程，洗涤污水实际上是乳浊液、悬浊液、泡沫和胶体溶液的综合分散体系，去污过程是多种胶体现象的综合。

(2)了解肥皂检测相关指标及含义。

总碱量：指在规定条件下，可滴定出的所有存在于肥皂中的各种硅酸盐、碱金属的碳酸盐和氢氧化物，以及与脂肪酸和树脂酸相结合成皂的碱量的总和。所得结果可根据是钠皂还是钾皂分别用氢氧化钠或氢氧化钾的质量百分数表示。

总脂肪物：指在规定条件下，用无机酸分解肥皂所得水不溶脂肪物。总脂肪物除脂肪酸外，还包括肥皂中不皂化物、甘油酯和一些树脂酸。

干钠皂：指总脂肪物的钠盐表示形式。

(3)正确进行肥皂常规指标干钠皂、游离苛性碱等的检测与数据处理。

(4)能正确检索相关国家标准，能按照国标规定执行相关检测。

六、观察与思考

(1)根据国标规定，肥皂检测的理化指标包括哪些？产品交收检验的理化指标包括哪些项目？

(2)肥皂检验的各理化指标应分别参照哪些标准？

(3)干钠皂快速法中涉及浓硫酸的使用。问：直接将水加入浓硫酸中会出现什么状况？(正确的操作是什么？)一旦浓硫酸碰到衣服、皮肤会出现什么状况？(如何处理？)

(4)试说明干钠皂测定的原理(快速法)，并说明快速法测定步骤中玻璃珠的作用。

(5)在干钠皂快速法测定中如何判断脂肪酸中水分已经全部除去(分液漏斗中)？

(6)试说明肥皂的游离苛性碱的测定原理？该项目的测定介质是什么？测定中回流装置的作用是什么？

七、参考资料

(1)(GB/T 1913－2004)透明皂、(GB/T 1913－2004)附录A透明度测定。

(2)《透明皂中干钠皂含量快速测定法》(企业标准)，QB/T 2485－2000附录A。

(3)(QB/T 2623.1－2003)游离苛性碱测定，(QB/T 2623.4－2003)水分和挥发物测定，(QB/T 2623.6－2003)氯化物测定。

(4)(GB/T 7462－1994)发泡力测定。

(5)(GB/T 15818－1995)表面活性剂生物降解度测定。

第九章　涂料的检验

第一节　涂料概述

一、涂料的概念

涂料，我国传统称为油漆，是一种涂覆于物体表面，形成附着牢固，具有一定强度的连续固态薄膜。涂料的作用可以概括为以下几个方面。

（一）保护作用

物体暴露于空气中，会受到氧气、水、光、其他气体及酸、碱、盐和有机溶剂的腐蚀，造成金属生锈腐蚀、木材腐烂、水泥风化等破坏作用。在物体表面涂覆涂料后，可形成保护层，从而延长物体的寿命，如图 9-1 所示。

图 9-1　外墙装饰涂料

(二)装饰作用

物体表面涂上涂料后，形成不同颜色、不同光泽和不同质感的涂膜，得到五光十色、绚丽多彩的外观，起到美化环境、美化生活的作用，如高光泽汽车漆、室内用亚光漆、珠光涂料、锤纹效果、裂纹效果等，如图 9-2 所示。

图 9-2　室内装修涂料

图 9-3　汽车高光涂料

(三)特殊功能作用

随着经济发展和人民生活水平的不断提高，需要越来越多的涂料品种能够为被涂对象提供一些特定的功能，如图 9-3、9-4、9-5 所示，这些功能概括为以下几个方面。

(1)力学功能：如耐磨涂料、润滑涂料等。

(2)热功能：如示温涂料、防火涂料、阻燃涂料、耐高温涂料等。

(3)电磁学涂料：如导电涂料、防静电涂料等。

(4)光学功能：如发光涂料等。

(5)生物功能：如防污防霉涂料等。

(6)化学功能：如耐酸碱涂料等。

图 9-4　金属防火涂料

图 9-5　船舶防腐蚀涂料

二、涂料的生产

(一)研磨分散设备

生产乳胶漆的最重要工序是颜料和填料的分散,所使用的是研磨分散设备。不同设备间的主要区别是施加于颜料聚集体上的应力水平不同。其中,最常用的是高速分散搅拌机。也有厂家使用砂磨机,将粗颜料和填料研磨至合格细度。这表面上看起来节省了一点原料成本,其实是既耗能又费工的不合理方法。因为钛白粉不需研磨,研磨将其包膜破坏,反而影响其分散性、稳定性和耐久性等。细填料和超细填料供应充足,砂磨机效率低,耗能费工不合算,且可能影响配方的准确性。

1. 高速分散机

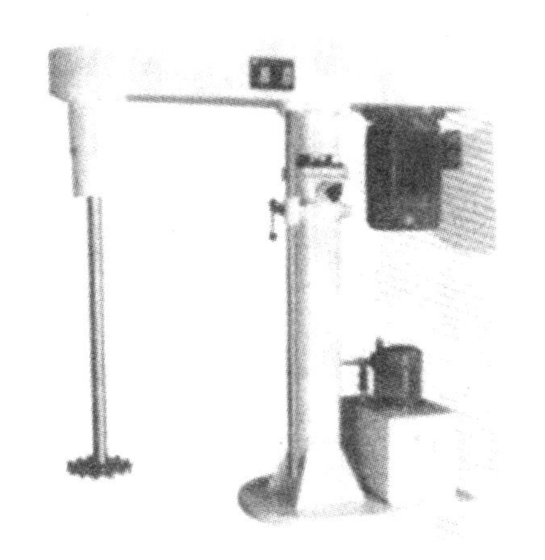

图 9-6　单轴高速分散机

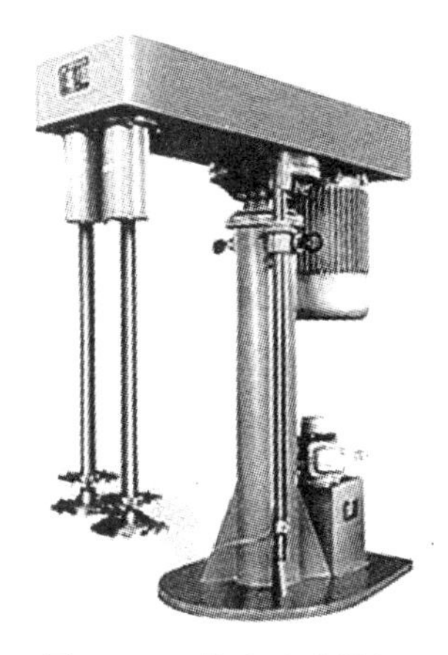

图 9-7　双轴高速分散机

高速分散机由机体、三三搅拌轴、分散盘或分散桨、分散缸、传动系统等组成。如图 9-6、9-7 所示。机体通常是固定的,分散搅拌轴有固定的和可升降的,还有单轴和双轴之分。小型高速分散搅拌机一般采用单轴,也有双轴的,而中型和大型高速分散搅拌机往往采用双轴。典型的分散盘如图 9-8 所示。在国内,分散盘大都是钢质的,但在国外,以工程塑料制作的盘正在逐渐多起来。

分散缸是由不锈钢制成的圆筒形容器,底部应为碟形或圆弧形,以防形成死角。分散缸分固定式和移动式两种。移动式用于小型高速分散搅拌机,有人称其为拉缸。固定式用于中型和大型高速分散搅拌机,其容积有 $10m^3$ 或更大的。传动系统分单速、双速和无级变速。单速只能作高速分散或搅拌单一用途,双速既可以作高速分散又可以作搅拌用。无级变速就更灵活了,既可以作高速分散又可以作搅拌用,而且可应对各种情况。

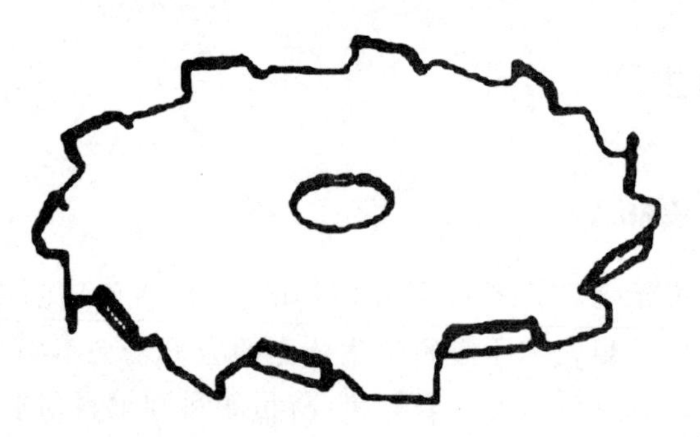

图 9-8 典型的分散盘

高速分散搅拌机具有如下一些优点：

高速分散搅拌机在分散颜料、填料时，分散盘在分散缸中的典型位置如图 9-9 所示。图中尺寸以分散盘直径表示。这种给定的几何尺寸在实际应用中是相当令人满意的。在实际操作中，因为实际装入物量多少变化等原因，分散盘也需上下升降。

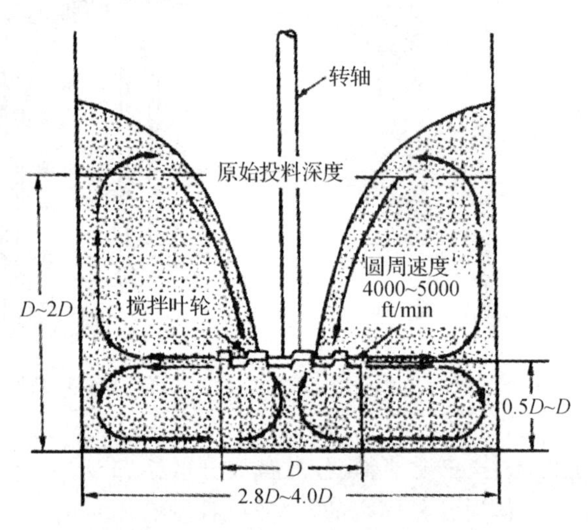

图 9-9 分散盘在分散缸中的典型位置

2. 砂磨机

砂磨机是由电动机、传动装置、主轴、研磨筒体、分散装置、分离装置、机架和研磨分散介质等组成。研磨分散介质有石英砂、玻璃珠、刚玉瓷珠、氧化锆珠等，国内目前普遍使用的是玻璃珠。砂磨机一般分为立式和卧式两种。如图 9-10、9-11 所示。

立式砂磨机的主轴上装有多个分散盘，内有研磨分散介质。电动机带动主轴以 1000～1500r/min 转速运转，从而使研磨分散介质随之高速抛出，碰到研磨筒体后又弹回。研磨料从底部送进砂磨机，受到研磨分散介质的剪切和冲击作用而得到分散。经多级分散后，研磨料到达顶部，细度达到要求的通过顶筛排出。立式砂磨机的一大缺点是研磨分散介质会沉底，从而给停车后重新启动带来困难，因此在20世纪70年代开发了卧式砂磨机。它的筒体和分散轴水平安装，研磨分散介质在轴向分布是比较均匀的，这样就避免了此问题。砂磨机虽然具有一系列的优点，但换色清洗困难，只适用于分散低粘度、较易分散的颜料和填料。

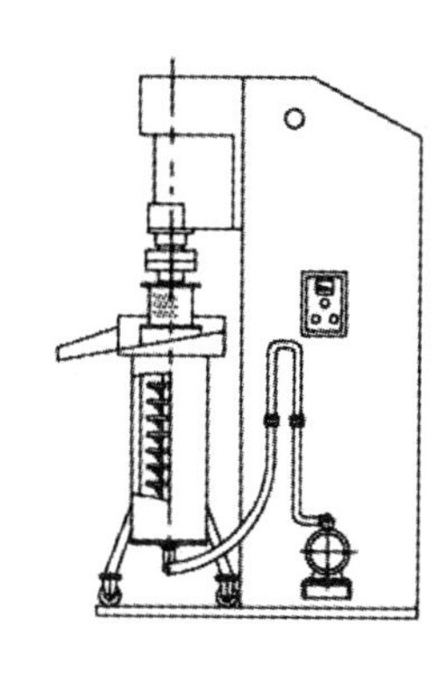

图9-10　立式砂磨机

图9-11　卧式砂磨机

(二)涂料生产流程

乳胶漆的生产过程就是将各组分的原料按一定顺序加入，分散均匀，最后达到稳定状态的过程。一般分为三个阶段。

1. 浆料的制备

将部分水、分散剂、消泡剂、防腐剂、防霉剂、少量增稠剂投入分散缸中，搅拌均匀，然后在搅拌状态下加入颜料和填料，快速分散30～60min，如有必要也可以用砂磨机代替快速分散，效率更高。细度和合格后进行第二步。此阶段一般不加入乳液，以免机械剪切后乳液性能破坏。

2. 调漆

在浆料中边搅拌边加入乳液、增稠剂、消泡剂、成膜助剂、防冻剂、pH调节剂搅拌20～30min至完全均匀，即可进行产品指针控制的检测，如品控指标结果哪项不合格，再针对该项目加入相应原料作细微调整，使各品控项目合格。

3. 过滤及包装

在乳胶漆的生产过程中，由于原料繁多，会存在一些不易被分散的杂质，对施工效果有不良影响，因此，需经过滤后才能得到更完美的产品，可根据产品要求的不同，选择不同规格的滤袋或筛网进行过滤。

(三)涂料生产实例

真实涂料配方如表9-1所示。

表 9-1 涂料配方及制备流程

投料序号	原料名称	投料数量(g)	备注
1	水	270	
开动搅拌机,将转速增至 500rpm,然后逐步和缓慢地加入下列原料			
2	PE-100	1	
3	5040	5	
4	NXZ	1.5	
5	HBR 250	2	
搅拌 3 分钟,在搅拌下慢慢地加入下列原料,搅拌转速 1000rpm			
6	钛白粉	25	
7	滑石粉	47	
8	轻钙	165	
9	重钙	155	
10	高岭土	95	
投入完毕后,转速至 2000～2500rpm,搅拌 30 分钟。细度合格后,停止搅拌。在搅拌状态下加入下列物质,搅拌速度 1000rpm			
11	醇酯 12	6.5	
12	乙二醇	10.5	
13	氨水	1	
14	水	86.2	
15	苯丙乳液	105	
16	NXZ	1	
17	RM2020	1.5	
18	增稠剂		
19	水	12	
20	TT935	4	
搅拌 20min,搅拌均匀,检验合格后包装			
合计		1000	
作业者:			
细度	小于 50μm	粘度	85KU

(四)涂料技术指标

国家标准对于内墙水性涂料的质量指标如表 9-2 所示。

表 9-2 内墙乳胶漆质量指标

项目	指标		
	优等品	一等品	合格品
容器中状态	无硬块,搅拌后呈均匀状态		
施工性	刷涂二道无障碍		
低温稳定性	不变质		
表干时间(h)	<2		
涂膜外观	正常		
对比率	>0.95	>0.93	>0.90
耐碱性	24h 无异常		
耐洗刷性(次)	>1000	>500	>200

第二节　涂料原料性能测定

一、项目来源和任务书

项目来源和任务书详见表 9-3。

表 9-3　涂料原料(乳液)性能测定项目任务书

工作任务	乳液性能指标的测定
项目情景	涂料生产企业对一批新进的乳液进行抽样检查,分析产品是否合格。
任务描述	对该批乳液的性能指标进行测定,以判断其质量是否合格。
目标要求	(1)能按要求进行乳液各项指标的测定; (2)能对测定数据进行正确记录和处理; (3)能根据测定结果书写分析报告。
任务依据	GB1725—79 涂料固体含量测定法
学生角色	企业检验科室人员

二、相关标准解读

不同的乳液有不同的技术指标,苯丙乳液的技术指标如表 9-4 所示。

表 9-4　苯丙乳液的技术指标

项目	指标	项目	指标
外观	乳白色	钙离子稳定性	通过
蒸发剩余物(%)	46～50	机械稳定性	通过
pH 值	5～6	热稳定性	通过
粘度(Pa·s)	0.2～0.7	残余单体含量(%)	≤1.5

(一)外观的测定

在天然散射光线下用肉眼观察。

(二)蒸发剩余物的测定

1. 仪器设备

玻璃培养皿:直径 75～80mm,边高 8～10mm;玻璃表面皿:直径 80～100mm;

磨口滴瓶:50mL;玻璃干燥器:内放变色硅胶或污水氯化钙;天平:感量为0.01g;鼓风恒温烘箱。

2.分析方法

(1)甲法:培养皿法

先将干燥洁净的培养皿在105±2℃烘箱内焙烘30min。取出放入干燥器中,冷却至室温后,称重。用磨口滴瓶取样,以减量法称取1.5～2g试样,置于已称重的培养皿中,使试样均匀流布于容器的底部,然后放于已调解到按下表所规定温度的鼓风恒温烘箱内焙烘一定时间后,取出放入干燥器中冷却至室温后,称重,然后再放入烘箱内焙烘30min,取出放入干燥器中冷却至室温后,称重,至前后两次称重的重量差不大于0.01g为止。试样平行测定两个试样。

(2)乙法:表面皿法

本方法是用于不能用甲法测定的高粘度涂料如腻子、乳液和硝基电缆漆等。先将两块干燥洁净可以相互吻合的表面皿在105±2℃烘箱内焙烘30min。取出放入干燥器中冷却至室温,称重。将试样放在一块表面皿上,另一块盖在上面(凸面向上)在天平上准确称取1.5～2g,然后将盖的表面皿反过来,使两块皿相互吻合,轻轻压下,再将皿分开,使试样面朝上,放入已调解到按表9-5所规定温度的恒温鼓风烘箱内焙烘一定时间后,取出放入干燥器中冷却至室温,称重。然后再放入烘箱内焙烘30min,取出放入干燥器中冷却至室温,称重,至前后两次称重的重量差不大于0.01g为止,试验平行测定两个试样。

表9-5 各种漆类焙烘温度规定

涂料名称	焙烘温度(℃)
硝基漆类,过氧乙烯漆类,丙烯酸漆类	80±2
缩醛胶	100±2
油基漆类,沥青漆类,酚醛漆类,环氧漆类,乳胶漆(乳液),聚氨酯漆类	120±2
聚酯漆类,大漆	150±2
水性漆	160±2
聚酰亚胺漆类	180±2
有机硅漆类	在1～2h内,由120升温到180,再于180±2下保温
聚酯漆包线漆	200±2

(3)计算方法

固体含量X(%)按式(9-1)计算:

$$X=\frac{W_1-W_2}{G}\times 100 \qquad (9\text{-}1)$$

式中:W_1—容器质量(g);

W_2—焙烘后容器和试样质量(g)；

G—试样质量(g)。

(三)pH值的测定

将乳液与蒸馏水1∶1(体积比)稀释后，在25±1℃用25型酸度计按规定进行测定。

(四)钙离子稳定性的测定

在10mL刻度试管中，用滴管加入5mL乳液样品，然后加入1mL 5%氯化钙溶液，摇匀后放置在试管架上，分别于1h、24h、48h后观察，如发现分层、沉淀、絮凝等现象，即为不合格。

(五)机械稳定性的检测

在1000mL搪瓷杯中加入200g用120目铜网过滤的乳液样品，将搪瓷杯放置在规定的分散机上，开动分散机，调整转速4000r/min 0.5h后，观察乳液是否磨坏或絮凝，如无明显的絮凝物，再用120目的铜网过滤，如没有或仅有极少量的絮凝物即为合格。

三、数据记录处理和检验报告

表9-6　测量数据记录和检验报告

项　目	指标要求	测定结果	项目	合格与否
残余单体含量(%)	≤1.5		钙离子稳定性	
蒸发剩余物(%)	46～50		机械稳定性	
pH值	5～6		热稳定性	
粘度(Pa·s)	0.2～0.7		外观	

四、相关知识技能要点

(1)了解分析检测项目与对乳液性能的影响。

(2)规范、正确使用pH计、碘量瓶等相关仪器。

(3)能正确完成各项指标的分析。

(4)能正确书写分析报告。

五、观察与思考

(1)电位pH计测定pH值的使用条件如何设置？

(2)两种测定蒸发剩余物方法的主要差异是什么,如何进行选择?

(3)已知某样品,请设计一合理分析方案测定乳液中的剩余单体含量,并利用课余时间完成相关操作与数据处理。

(4)如何根据测试结果对此批原料提出建议?

六、参考资料

(GB1725－79)涂料固体含量测定法。

第三节　涂料细度和粘度的测定

一、项目来源和任务书

项目来源和任务书详见表 9-7。

表 9-7　涂料细度和粘度测定项目任务书

工作任务	涂料细度和粘度测定
项目情景	涂料生产企业对浆料的细度进行测定,并对最终产品的粘度进行测定,从而确定产品是否符合要求
任务描述	涂料生产企业对浆料的细度进行测定,并对最终产品的粘度进行测定,从而确定产品是否符合要求
目标要求	(1)能按要求进行涂料细度和粘度的测定; (2)能对测定数据进行正确记录和处理; (3)能根据测定结果书写分析报告。
任务依据	GB/T 9269－2009 涂料粘度的测定－斯托默粘度计法 GB/T 1724－1979 涂料细度测定法
学生角色	企业检验科室人员

二、基本原理和实施方案

每个涂料产品的指针有些是必须检验的,如涂料的粘度、细度等物理力学性能指标;有些指标叫形式检验指标,耗时较长,如涂料的耐水、耐烟雾、耐老化等指标,需要定期进行检验,一般 2～3 个月抽检一次。涂料产品的细度和粘度是两个出厂指标,涂料检测指标应不低于该出厂指标。

三、相关标准解读

(一)细度的测定

1. 定义与内容

涂料的细度是表示涂料中所含颜料在漆中分散的均匀程度,以微米(μm)表示。涂料细度的优劣直接影响漆膜的光泽、透水性及贮存稳定性。细度小,能使涂层平整均匀,对外观和涂饰性均能起到美化作用。由于品种不同,底漆和面漆所要求的细度不同,面漆细度一般要求20～40μm,汽车类、电器类、装饰性面漆细度要求10～20μm,底漆或防锈漆的细度可粗一些,一般在40～80μm,某些高档汽车和电器甚至要求细度≤10μm。

2. 测定工具

乳胶漆的细度一般采用刮板细度计进行测定。刮板细度计采用国家指定钢材制作(用不锈钢材质制作),用于测定涂料、漆浆、油墨和其他液体及浆状物中颜料及杂质颗粒大小和分散程度,从而控制被分散产品在生产、存储和应用中的质量,用于对被分散产品在生产、存储和应用过程中的细度检测,诸如油漆、塑料、颜料、印刷油墨、纸张、陶瓷、医药、食品等领域。其构造为一磨光的平板,由工具合金钢制成。板上有一沟槽,在槽边有刻度线,分为0～50μm、0～100μm、0～150μm等几种规格。另配有一刮刀,双刃均磨光。刮板细度计如图9-12所示。

图9-12　刮板细度计

3. 测定方法

采用此法的技巧为：

(1)根据不同涂料类型选用不同量程的细度计，可先用范围大的粗测。

(2)在测板上端滴入涂料样品1～2g左右，不要过多或过少。

(3)双手握住刮刀，使刮刀与磨光平板表面垂直接触，以适宜的速度由沟槽的深部向浅部拉过(一般用3s左右)，使试样充满沟槽而平板上不留余漆。

(4)在阳光下迅速读数(不应超5s)，使视线与沟槽表面成15～30°角，出现三个以上颗粒均匀显露处读数为准。读数法示例见图9-13。

(5)细度计使用后必须用细软揩布蘸溶剂仔细擦洗，擦干。

测定细度的经验方法是目测少量涂料中含有的颗粒是否均匀。细度不合格的产品，很多是由颜料研磨不细、外界杂质进入及颜料返粗等情况所造成的，可返厂经过滤、研磨或降级使用。

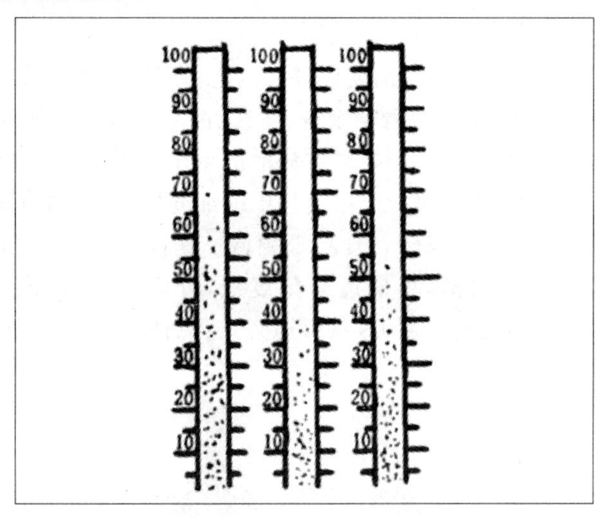

图9-13　细度读数示例

(二)粘度的测定

1. 定义与内容

涂料的粘度又叫涂料的稠度，是指流体本身存在粘着力而产生流体内部阻碍其相对流动的一种特性。这项指标主要控制涂料的稠度，其直接影响施工性能，漆膜的流平性、流挂性。通过测定粘度，可以观察涂料贮存一段时间后的聚合度，按照不同施工要求，用适合的稀释剂调整粘度，以达到刷涂、有气喷涂、无气喷涂所需的不同粘度指标。

2. 测定工具

乳胶漆粘度一般采用斯托默粘度计进行测定。斯托默粘度计是根据GB/T 9751－88有关规定设计研制的。主要适用于建筑涂料、水溶性涂料等涂料粘度的测定。斯托默粘度计如图 9-14 所示。

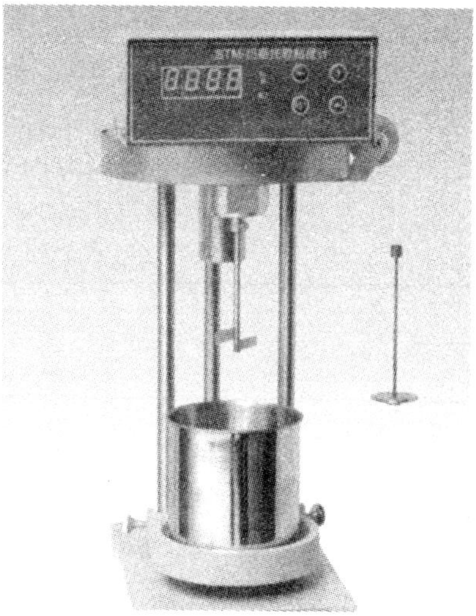

该仪器是利用砝码的重量产生一定的旋转力，经一传动系统带动桨叶型转子转动，调整砝码的重量，使桨叶克服被测涂料的阻力，使其转速达到 200r/min，从频闪计时器上能够观察出一个基本稳定的图像，此时砝码的重量，就可以转换为被测涂料的粘度值（KU 值）。KU 单位是产生 200r/min 转速所需负荷的一种对数函数，一般用来表示建筑涂料和水溶性涂料的粘度。

图 9-14 斯托默粘度计

3. 测定方法

(1)将涂料充分拌匀移入容器中，使涂料液面离容器杯口约 19mm，并使涂料温度保持在 23±0.2℃。

(2)将容器放在活动支架上，调整活动支架，使转子浸入涂料中，使涂料液面刚好达到转子轴的标记处。

(3)调整砝码的克数(精确至 5g)，使桨叶转速达到 200rpm。

(4)重复测定，直至得到一致的负荷值。

(5)根据试验得到的产生 200r/min 所必需的砝码的克数，从表 9-8 中查得 KU 值。

表 9-8 产生 200r/min 转速时所需负荷与对应的 KU 值

负荷(g)	KU	负荷(g)	KU	负荷(g)	KU
		100	61	195	81
		105	62	200	82
		110	63	205	83
		115	64	210	83
		120	65	215	84
		125	67	220	85
		130	68	225	86
		135	69	230	86
		140	70	235	87
		145	71	240	88
		150	72	245	88
		155	73	250	89
		160	74	255	90
70	53	165	75	260	90
75	54	170	76	265	91
80	55	175	77	270	91
85	57	180	78	275	92
90	58	185	79	280	93
95	60	190	80	285	93

四、数据记录处理和检验报告

数据记录处理和检验报告详见表 9-9。

表 9-9 测定数据记录和检验报告

出厂指标检测报告单				
细度测定				
细度测定方法描述				
细度测定结果				
粘度测定方法描述				
粘度测定结果				

五、相关知识技能要点

(1)了解细度、粘度测定结果对涂料性能的影响。

(2)掌握规范、正确使用刮板细度计、斯托默粘度计等相关仪器。

(3)能正确完成各项指标的分析。

(4)能正确书写分析报告。

六、观察与思考

(1)细度和粘度为什么是两个重要的出厂指标?

(2)斯托默粘度计中砝码重量和 KU 之间是什么样的关系?

(3)如何根据测试结果对生产提出建议?

七、参考资料

(1)(GB/T 9269－2009)涂料粘度的测定——斯托默粘度计法。

(2)(GB/T 1724－1979)涂料细度测定法。

第四节　涂料涂膜性能的测定

一、项目来源和任务书

项目来源和任务书详见表 9-10。

表 9-10　涂料涂膜性能测定项目任务书

工作任务	涂料涂膜性能的测定
项目情景	涂料生产企业每隔三个月对产品涂膜性能进行测定，确定产品是否符合要求。
任务描述	对某一批次产品的耐擦洗性能和对比率进行测定，判断其质量是否合格。
目标要求	(1)能按要求进行涂料涂膜性能指标的测定； (2)能对测定数据进行正确记录和处理； (3)能根据测定结果书写分析报告。
任务依据	GB/T 23981－2009 白色和浅色漆对比率的测定 GB/T 9266－2009 建筑涂料涂层耐擦洗性的测定
学生角色	企业检验科室人员

二、基本原理和实施方案

涂料的性能指标中有些指标叫形式检验指标，测定这些指标耗时较长，如涂料的耐擦洗、对比率、耐老化等指标，需要定期进行检验，一般 2～3 个月抽检一次。涂料的耐擦洗性能和对比率是重要的涂膜性能指标，对涂料的性能起着决定性的作用。进行涂膜性能测定时，应首先根据要求制备相应的漆膜，经过一段时间的漆膜养护后，再根据要求进行涂膜性能的测定。

三、相关标准解读

(一)涂膜耐擦洗性能的测定

1. 定义与内容

涂料涂层耐洗刷性反映了漆膜的牢固性。国家标准对内墙和外墙乳胶漆的耐洗刷性的要求如表 9-10 所示。

表 9-11　国家标准对内外墙乳胶漆耐洗刷性的要求

涂料品种	单位	优等品	一等品	合格品
外墙乳胶漆	次	＞2000	＞1000	＞500
内墙乳胶漆	次	＞1000	＞500	＞200

2.检测仪器

乳胶漆涂层耐洗刷性采用耐擦洗测定仪进行测定。耐擦洗测定仪如图9-15所示。

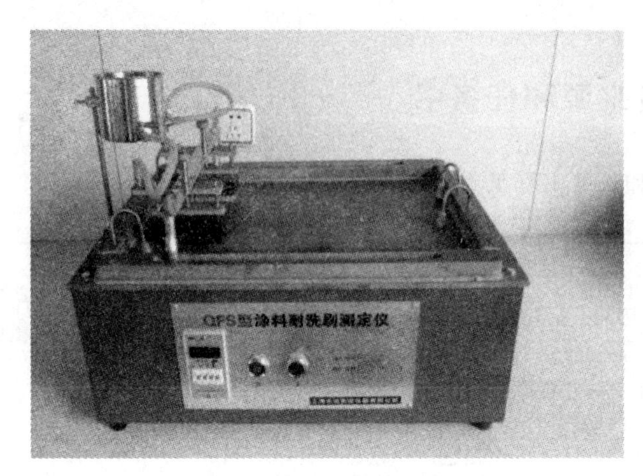

图9-15 耐擦洗测定仪

3.测定方法

(1)试样底板的制备

底板:430mm×150mm×3mm洁净、干燥的玻璃板或其他材质的板。

涂底漆:在符合规定的底板上,单面涂一道C06－1铁红醇酸底漆,使其于105±2℃下烘烤30min,干漆膜厚度为30±2微米。

涂面漆:在符合规定的板上,施涂待测试的建筑涂料。第一道涂布湿膜厚度为120μm,第二道涂布湿膜厚度为80μm;施涂时间间隔为4h,涂完末道涂层使样板涂漆面上向上,于温度为23±2℃,相对湿度为(50±5)%的条件下干燥7d。

(2)试验

试验环境条件:涂层耐洗刷性试验应于23±2℃下进行。

试验操作程序:本试验对同一试样采用三块样板进行平行试验。将试验样板涂漆面向上,水平固定在洗刷试验机的试验台板上。将预处理过的刷子置于试验样板的涂漆面上,试板承受约450g的负荷(刷子及夹具的总重),往复摩擦涂膜,同时滴加(速度为每秒钟滴加约0.04g)符合规定的洗刷介质,使洗刷面保持润湿。视产品要求,洗刷至规定次数后,从试样机上取下试验样板,用自来水清洗。

(3)试板检查与结果评定

试板检查:在散射日光下检查试验样板被洗刷过的中间长度100mm区域的涂膜。观察其是否破损露出底漆颜色。

结果评定:洗刷至规定次数,三块试板中至少有两块试板的涂膜无破损,不露出底漆颜色,则认为其耐洗刷性合格。

(二)涂膜对比率的测定

1. 定义与内容

在规定反射率的黑底材和白底材上漆膜反射率之比，以小数或百分数表示，是一种评定遮盖力的较为精确的仪器方法，不同于传统的遮盖力的目测评定方法，其测定结果可排除人为主观因素。它适用于白色和浅色漆，在建筑涂料产品中应用较多。比较对比率应在同一膜厚条件下进行。常用选定湿膜厚度为 100μm 作对比率测定膜厚的基准。对比率的测定对于涂料质量控制是十分重要的。

2. 检测仪器(C84－Ⅲ反射率测定仪)

C84－Ⅲ反射率测定仪可用于涂料、颜料、油墨等化工行业，用于漆膜遮盖力的测定。反射率测定仪如图 9-16 所示。

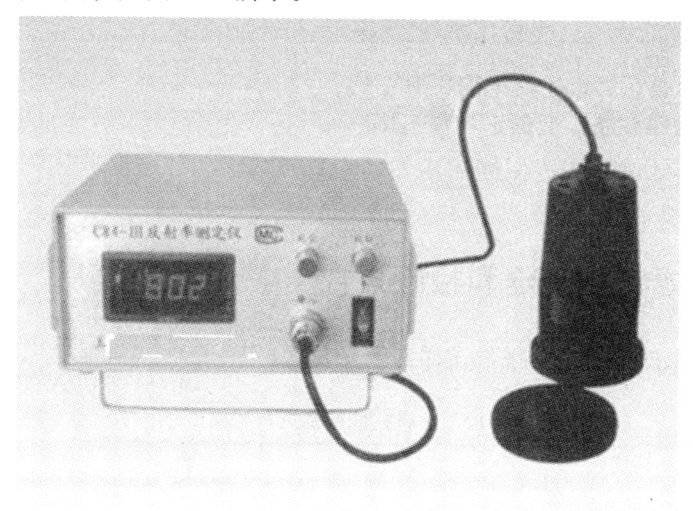

图 9-16　C84-Ⅲ反射率测定仪

3. 测定方法

(1)漆膜的制备

以聚酯薄膜为底材制备涂膜，先在至少 6mm 厚的平玻璃板上滴几滴 200 号溶剂油(或其他适合的溶剂)，将聚酯薄膜铺展在上面。其润湿程度以能借助 200 号溶剂油的表面张力使聚酯薄膜贴在玻璃板上为宜，不能弄湿聚酯薄膜的上表面，也不应在聚酯薄膜与玻璃板之间夹杂气泡，必要时可用一洁净的白绸布将气泡消除。将试样搅拌均匀，以破坏任何触变性结构，但不应产生气泡，立即在聚酯薄膜一端沿端线倒上 2～4mL 乳胶漆，用 100μm 线棒涂布器匀速刮涂，使其铺展成均匀涂层，在水平条件下干燥，干燥时间取决于产品标准的规定。

(2)试板的状态调节

在进行反射率的测定之前，应使干燥了的涂好漆的聚酯薄膜在(23±2℃)和相对湿度(50±5)%的条件下至少养护 24h，但不应超过 168h。

(3)测定

把探头与电控箱连接,同时接上电源,开机预热10~15min。此时应把探头放在黑色标准板上为佳。把探头放在黑色标准板上,调整主机上的校零旋钮,使主机数字显示为0000.0,允许变动±0.1。把探头放在白色标准板上,调整主机的校标旋钮,使主机显示的数值与白色标准板的标定值一致。允许变动±0.1,反复调整一次(校零、校标)。测量 R_B 值:把探头移至放有试样的黑色工作陶瓷板上,显示器所显示数值即为 R_B 值。测量 R_W 值:把探头移至放有试样的白色工作陶瓷板上,显示器所显示的数值即为 R_W 值。

(4)结果表示

乳胶漆涂膜对比率以涂膜在黑板上与白板上(或黑纸与白纸)的平均反射率之比表示,公式为:

$$\text{对比率(遮盖率)}=\frac{R_B}{R_W}\times 100\% \tag{9-2}$$

式中:R_B—涂膜在黑板上的平均反射率;

R_W—涂膜在白板上的平均反射率。

平行测定两次,如两次测定结果之差不大于0.02,则取两次测定结果的平均值。

四、数据记录处理和检验报告

数据记录处理和检验报告详详见表9-12。

表9-12 漆膜性能检测分析结果汇总

对比率测定方法描述	
对比率测定结果	
耐擦洗测定方法描述	
耐擦洗测定结果	

五、相关知识技能要点

(1)了解耐擦洗、对比率测定结果对涂料性能的影响。

(2)掌握规范、正确使用耐擦洗测定仪、反射率测定仪等相关仪器。

(3)能正确完成各项指标的分析。

(4)能正确书写分析报告。

六、观察与思考

(1)耐擦洗性能和对比率为什么是两个重要的涂膜性能指标?

(2)有哪些方法可以提升涂料的涂膜性能?
(3)如何根据测试结果对生产提出建议?

七、参考资料

(1)(GB/T 23981—2009)白色和浅色漆对比率的测定。
(2)(GB/T 9755—2001)合成树脂乳液外墙涂料。
(3)(GB/T 9266—2009)建筑涂料涂层耐擦洗性的测定。

附　录

一、国际单位制(SI)的基本单位

量的名称	单位名称	单位符号
长度	米	m
质量	千克(公斤)	kg
时间	秒	s
电流	安[培]	A
热力学温度	开[尔文]	K
物质的量	摩[尔]	mol
发光强度	坎[德拉]	Cd

二、化学常用符号及缩写字

符号	英语名称	中文名称
Å	Ångstroms	埃(10^{-10}m)
AAS	atomic-absorption spectrophotometry	原子吸收分光光度法
Ac	acetyl group	乙酰基 CH_3CO^-
Ar	aryl radical	芳基 Ar^-
ADP	adenosine diphosphate	二磷酸腺苷
AES	atomic-emission spectrometry	原子发射光谱法
	auger electron spectroscopy	俄歇电子能谱法
AFS	atomic-fluorescence spectrophotometry	原子荧光分光光度法
AMP	adenosine monophosphate	一磷酸腺苷
amu	atomic mass unit	原子质量单位
ATP	adenosine triphosphate	三磷酸腺苷
Boc	t-butoxycarbonyl group	叔丁氧羰基$(CH_3)_2COCO—$
bp	boiling point	沸点
n-Bu	n-butyl group	正丁基 $CH_3CH_2CH_2CH_2—$
t-Bu	t-butyl group	三级丁基$(CH_3)_3C—$
cmr	^{13}C magnetic resonance	碳谱(^{13}C磁共振)
CoA	coenzyme A	辅酶 A
D	debye	德拜,偶极矩的度量
(d,l)	dextro-(d-),laevo-(l-)	立体化学构型的标记

续表

符号	英语名称	中文名称
(+)-, (-)-	dextro isomer, laevo isomer	右旋体,左旋体
dA	deoxyadenosine	腺去氧核苷
DAS	derivative absorption spectrum	导数吸收光谱
dC	deoxycytidine	胞去氧核苷
DCC	dicyclohexylcarbodiimide	二环己基碳二亚胺
DDQ	2,3-dichloro-5,6-dicyan-1, 4-benzoquinone	2,3-二氯-5,6-二氰基-1, 4-苯醌
dG	deoxyguanosine	鸟去氧核苷
(±)-	racemic compound	外消旋体
DMF	dimethylformamide	二甲基甲酰胺 $HCON(CH_3)_2$
DMAc	dimethyl acetamide	二甲基乙酰胺 $CH_3CON(CH_3)_2$
DMSO	dimethyl sulfoxide	二甲亚砜 $(CH_3)_2SO$
DMU	tetramethyl urea	四甲基脲 $(CH_3)_2NCON(CH_3)_2$
DNA	deoxyribonucleic acid	去氧核酸
DNF	2,4-dinitroflurobenzene	2,4-二硝基氟苯
DNP	2,4-dinitroflurobenzene	2,4-二硝基苯基
DSC	differential scanning calorimetry	差热扫描量热法
dT	deoxythymidine	胸腺去氧核苷
DTA	differential thermal analysis	差热分析
E	entgegen	(德文)相反的意思,在烯烃 Z、E 命名中指相反的一边
E	electrophilic reagent	亲电试剂
e,e	enantiomeric excess	对映体过量
E1	unimolecular elimination mechanism	单分子消除反应机制
E1cb	unimolecular conjugate base elimination mechanism	单分子共轭碱消除反应机制
E2	bimolecular elimination mechanism	双分子消除反应机制
ECD	electron capture detector	电子捕获检测器
EELS	electron energy lose spectroscopy	电子能量损失谱法
emu	electromagnetic unit	电磁单位
EPMA	electron-probe micro analysis	电子探针微区分析
EPR	electron paramagnetic resonance	电子顺磁共振
ESCA	electron spectroscopy for chemical analysis	化学分析用电子能谱
ESR	electron spin resonance	顺磁共振
Et	ethyl	乙基 CH_3CH_2-
f	partial rate factors	分速因数
FID	flame ionization detector	火焰离子化检测器
FEM	method of field emission microscope	场发射显微镜法
fp	freezing point	凝固点
FPD	flame photometric detector	火焰光度检测器

续表

符号	英语名称	中文名称
FT	fourier transform	傅里叶变换
GC	gas chromatography	气相色谱法
GLC	gas-liquid chromatography	气-液色谱法
GSC	gas-solid chromatography	气-固色谱法
HME	hanging mercury electrode	悬汞电极
HMPA	hexamethyl phosphoric triamide	六甲基磷三酰胺$[(CH_3)_6N]_3PO$
HOAc	acetic acid	醋酸 CH_3COOH
HPLC	high performance liquid chromatography	高效液相色谱法
$h\upsilon$	photic symbol	光的符号
$h\upsilon_f$	fluorescence	荧光
$h\upsilon_p$	phosphorescence	磷光
Hz	hertz	赫兹
I	inductive effect	诱导效应
IC	internal conversion	内部转换
IE	indicated electrode	指示电极
IEC	ion exchange chromatography	离子交换色谱
	ion exclusion chromatography	离子排斥色谱
IPr	isopropyl	异丙基$(CH_3)_2CH$—
IR	infrared spectrometry	红外光谱法
ISC	intersystem crossing	系间窜跃
ISE	ion-selective electrode	离子选择性电极
J	coupling constant	偶合常数(单位常用 Hz)
k	reaction velocity constant	反应速度常数
K	equilibrium constant of reaction	反应平衡常数
K_a	acid dissociation constant	酸性离解常数
K_b	basic dissociation constant	碱性离解常数
L	ligand	配位体
m	meta	间位
Me	methyl	甲基 CH_3—
m/e	mass charge ratio	质荷比
MGC	multidimensional gas chromatography	多维气相色谱法
MHz	10^6 Hz	等于 10^6 Hz
mp	melting point	熔点
Ms	mesyl	甲磺酰基
MS	mass spectroscopy	质谱
NAD	nicotinamide adenine dinucleotide	辅酶 I
NBS	n-bromosuccinimide	N-溴代琥珀酰亚胺
NCE	normal calomel electrode	甘汞电极
NHE	normal hydrogen electrode	标准氢电极
NMR	nuclear magnetic resonance	核磁共振

续表

符号	英语名称	中文名称
Nu	nucleophilic reagent	亲核试剂
o	ortho	邻位
OPP	pyrophosphate	焦磷酸酯
p	para	对位
PES	photo electron spectroscopy	光电子能谱
PFGC	programmed flow gas chromatography	程序变流气相色谱法
Ph	phenyl	苯基
pH	a measure of the acidity	酸性的度量等于$-\log[H^+]$
pK_a	logarithm of the reciprocal of the acid dissociation constant	酸的强度的度量$-\log K_a$
pK_b	logarithm of the reciprocal of the basic dissociation constant	碱的强度的度量$-\log K_b$
pmr	proton magnetic resonance	质子磁共振
PPA	polyphosphoric acid	多聚磷酸
PPGC	programmed pressure gas chromatography	程序变压气相色谱法
PS	photoacoustic spectrometry	光声光谱法
PTC	phase-transfer catalysis	相转移催化(作用)
PTGC	programmed temperature gas chromatography	程序升温气相色谱法
PTS	percentage of theoretical slope	百分理论斜率
R	alkyl or cycloalkyl	烷基或环烷基
(*R*,*S*)	rectus,sinister	立体化学主体构型的标记 rectus(拉丁文)右;sinister(拉丁文)左
RE	reference electrode	参比电极
RGS	reaction gas chromatography	反应气相色谱法
RNA	ribonucleic acid	核酸
RS	raman spectrum	拉曼光谱
S	singlet	单线态
SCE	saturated calomel electrode	饱和甘汞电极
SD	standard derivation	标准偏差
sf	surfactant	表面活性剂
S_N1	unimolecular nucleophilic substitution mechanism	单分子亲核取代反应机制
$S_{N1}Ar$	unimolecular aromatic nucleophilic substitution mechanism	单分子芳香亲核取代反应机制
S_{N2}	bimolecular nucleophilic substitution mechanism	双分子亲核取代反应机制
$S_{N2}Ar$	bimolecular aromatic nucleophilic substitution mechanism	双分子芳香亲核取代反应机制
S_{Ni}	intramolecular nucleophilic substitution mechanism	分子内亲核取代反应机制

续表

符号	英语名称	中文名称
STP	standard temperature and pressure	标准温度和压力
T	triplet	三线态
Tc	triphase-catalysis	三相催化(作用)
TCD	thermal conductivity detector	热导检测器
TEBA	triethyl benzyl animonium chloride	氯化三乙基苯甲基铵
TGA	thermogravimetric analysis	热重量分析
THF	tetrahydrofuran	四氢呋喃
TLC	thin layer chromatography	薄层色谱法
TMS	tetramethylsilane	四甲基硅$(CH_3)_4Si$
Ts(Tos)	tosyl or *p*-toluenesulfonyl	对甲基苯磺酰基 *p*-$CH_3C_6H_4SO_2$—
TTFA	thallium trifluoroacetate	三氟乙酸铊
UPS	ultraviolet photo electron spectroscopy	紫外光电子能谱
uv	ultraviolet	紫外
vc	vibrational cascade	振动松缓
X	halogen group	卤基
XPS	X-ray photo electron spectroscopy	X射线光电子能谱
Z	zusammen	(德文)同的意思,烯烃Z、E命名中同一边的意思
Z	benzyloxycarbonyl	苯甲氧基羰基 $C_6H_5CH_2OCO$—
[α]	specific rotation	比旋光
δ	chemical shift	由TMS向低场方向的化学位移,单位用ppm表示
Δ	symbol of heating in reaction	反应中的加热符号
μ	dipole moment	偶极矩
ϕ	wave function of atomic orbital	原子轨道的波函数
ψ	rate of photons production	光量子产率
Φ	wave function of molecular orbital	分子轨道的波函数

三、常用酸碱溶液的密度和浓度

名称	分子式	分子量	浓度(mol/L)	质量分数(%)	密度(g/mL)
冰乙酸	CH_3COOH	60.05	17.40	99.5	1.050
乙酸	CH_3COOH	60.05	6.27	36	1.045
甲酸	HCOOH	46.02	23.40	90	1.200
盐酸	HCl	36.50	11.60	36～38	1.180
			2.90	10	1.050
硝酸	HNO_3	63.02	15.99	71	1.420
			14.90	67	1.400
			13.30	61	1.370
高氯酸	$HClO_4$	100.50	11.65	70～72	1.68
			9.20	60	1.540
磷酸	H_3PO_4	98.00	15	85	1.700
硫酸	H_2SO_4	98.08	18.00	95～98	1.840
氨水	NH_4OH	35.00	15	25～28(NH_3)	0.91
氢氧化钾	KOH	56.10	14.2	52	1.520
			1.94	10	1.090
氢氧化钠	NaOH	40.00	19.10	50	1.530
			2.75	10	1.110

四、常用酸碱指示剂

指示剂	pK_{HIn}	变色范围 pH	酸色	碱色	配制方法
百里酚蓝（麝香草酚蓝）	1.65	12.0～2.8	红	黄	0.1%的20%乙醇溶液
甲基橙	3.4	3.1～4.4	红	黄	0.05%水溶液
溴甲酚绿	4.9	3.8～5.4	黄	蓝	0.1%的20%乙醇溶液或0.1g指示剂溶于2.9mL 0.05mol/L NaOH加水稀释至100mL
甲基红	5.0	4.4～6.2	红	黄	0.1%的60%乙醇溶液
溴百里酚蓝（溴麝香草酚蓝）	7.3	6.2～7.3	黄	蓝	0.1%的20%乙醇溶液
中性红	7.4	6.8～8.0	红	黄橙	0.1%的60%乙醇溶液
百里酚蓝	9.2	8.0～9.6	黄	蓝	0.1%的20%乙醇溶液
酚酞	9.4	8.0～10.0	无色	红	0.5%的90%乙醇溶液
百里酚酞	10.0	9.4～10.6	无色	蓝	0.1%的90%乙醇溶液

五、常用缓冲溶液的配制

pH	配制方法
3.6	NaAc·$3H_2O$ 8g，溶于适量水中，加 6mol/L HAc 134mL，用水稀释至 500mL
4.0	NaAc·3 H_2O 20g 溶于适量水中，加 6mol/L HAc 134mL，用水稀释至 500mL
4.5	NaAc·3 H_2O 32g 溶于适量水中，加 6mol/L HAc 68mL，用水稀释至 500mL
5.0	NaAc·3 H_2O 50g 溶于适量水中，加 6mol/L HAc 34mL，用水稀释至 500mL
8.0	NH_4Cl 50g 溶于适量水中，加 15mol/L NH_3·H_2O 3.5mL，用水稀释至 500mL
8.5	NH_4Cl 40g 溶于适量水中，加 15mol/L NH_3·H_2O 8.8mL，用水稀释至 500mL
9.0	NH_4Cl 35g 溶于适量水中，加 15mol/L NH_3·H_2O 24mL，用水稀释至 500mL
9.5	NH_4Cl 30g 溶于适量水中，加 15mol/L NH_3·H_2O 65mL，用水稀释至 500mL
10	NH_4Cl 27g 溶于适量水中，加 15mol/L NH_3·H_2O 197mL，用水稀释至 500mL
11	NH_4Cl 3g 溶于适量水中，加 15mol/L NH_3·H_2O 207mL，用水稀释至 500mL

六、弱酸在水溶液中的解离常数(25℃)

名称		化学式	K_a	pK_a
无机酸	亚砷酸	$HAsO_2$	6.0×10^{-10}	9.22
	砷　酸	H_3AsO_4	$6.3\times10^{-3}(K_1)$	2.2
			$1.05\times10^{-7}(K_2)$	6.98
			$3.2\times10^{-12}(K_3)$	11.5
	硼　酸	H_3BO_3	$5.8\times10^{-10}(K_1)$	9.24
			$1.8\times10^{-13}(K_2)$	12.74
			$1.6\times10^{-14}(K_3)$	13.8
	次溴酸	HBrO	2.4×10^{-9}	8.62
	氢氰酸	HCN	6.2×10^{-10}	9.21
	碳　酸	H_2CO_3	$4.2\times10^{-7}(K_1)$	6.38
			$5.6\times10^{-11}(K_2)$	10.25
	次氯酸	HClO	3.2×10^{-8}	7.5
	氢氟酸	HF	6.61×10^{-4}	3.18
	高碘酸	HIO_4	2.8×10^{-2}	1.56
	亚硝酸	HNO_2	5.1×10^{-4}	3.29
	磷　酸	H_3PO_4	$7.52\times10^{-3}(K_1)$	2.12
			$6.31\times10^{-8}(K_2)$	7.2
			$4.4\times10^{-13}(K_3)$	12.36
	氢硫酸	H_2S	$1.3\times10^{-7}(K_1)$	6.88
			$7.1\times10^{-15}(K_2)$	14.15
	亚硫酸	H_2SO_3	$1.23\times10^{-2}(K_1)$	1.91
			$6.6\times10^{-8}(K_2)$	7.18
	硫　酸	H_2SO_4	$1.0\times10^{3}(K_1)$	−3
			$1.02\times10^{-2}(K_2)$	1.99
	硅　酸	H_2SiO_3	$1.7\times10^{-10}(K_1)$	9.77
			$1.6\times10^{-12}(K_2)$	11.8

续表

有机酸	甲　酸	$HCOOH$	1.8×10^{-4}	3.75
	乙　酸	CH_3COOH	1.74×10^{-5}	4.76
	草　酸	$(COOH)_2$	$5.4\times10^{-2}(K_1)$	1.27
			$5.4\times10^{-5}(K_2)$	4.27
	甘氨酸	$CH_2(NH_2)COOH$	1.7×10^{-10}	9.78
	一氯乙酸	$CH_2ClCOOH$	1.4×10^{-3}	2.86
	二氯乙酸	$CHCl_2COOH$	5.0×10^{-2}	1.3
	三氯乙酸	CCl_3COOH	2.0×10^{-1}	0.7
	丙　酸	CH_3CH_2COOH	1.35×10^{-5}	4.87
	丙烯酸	$CH_2=CHCOOH$	5.5×10^{-5}	4.26
	乳酸(丙醇酸)	$CH_3CHOHCOOH$	1.4×10^{-4}	3.86
	丙二酸	$HOCOCH_2COOH$	$1.4\times10^{-3}(K_1)$	2.85
			$2.2\times10^{-6}(K_2)$	5.66
	甘油酸	$HOCH_2CHOHCOOH$	2.29×10^{-4}	3.64
	正丁酸	$CH_3(CH_2)_2COOH$	1.52×10^{-5}	4.82
	异丁酸	$(CH_3)_2CHCOOH$	1.41×10^{-5}	4.85
	异丁烯酸	$CH_2=C(CH_2)COOH$	2.2×10^{-5}	4.66
	反丁烯二酸(富马酸)	$HOCOCH=CHCOOH$	$9.3\times10^{-4}(K_1)$	3.03
			$3.6\times10^{-5}(K_2)$	4.44
	顺丁烯二酸(马来酸)	$HOCOCH=CHCOOH$	$1.2\times10^{-2}(K_1)$	1.92
			$5.9\times10^{-7}(K_2)$	6.23
	酒石酸	$HOCOCH(OH)CH(OH)COOH$	$1.04\times10^{-3}(K_1)$	2.98
			$4.55\times10^{-5}(K_2)$	4.34
	正戊酸	$CH_3(CH_2)_3COOH$	1.4×10^{-5}	4.86
	戊二酸	$HOCO(CH_2)_3COOH$	$1.7\times10^{-4}(K_1)$	3.77
			$8.3\times10^{-7}(K_2)$	6.08
	谷氨酸	$HOCOCH_2CH_2CH(NH_2)COOH$	$7.4\times10^{-3}(K_1)$	2.13
			$4.9\times10^{-5}(K_2)$	4.31
			$4.4\times10^{-10}(K_3)$	9.358
	正己酸	$CH_3(CH_2)_4COOH$	1.39×10^{-5}	4.86
	柠檬酸	$HOCOCH_2C(OH)(COOH)CH_2COOH$	$7.4\times10^{-4}(K_1)$	3.13
			$1.7\times10^{-5}(K_2)$	4.76
			$4.0\times10^{-7}(K_3)$	6.4
	苯　酚	C_6H_5OH	1.1×10^{-10}	9.96
	葡萄糖酸	$CH_2OH(CHOH)_4COOH$	1.4×10^{-4}	3.86
	苯甲酸	C_6H_5COOH	6.3×10^{-5}	4.2
	水杨酸	$C_6H_4(OH)COOH$	$1.05\times10^{-3}(K_1)$	2.98
			$4.17\times10^{-13}(K_2)$	12.38
	邻硝基苯甲酸	$(o)NO_2C_6H_4COOH$	6.6×10^{-3}	2.18
	间硝基苯甲酸	$(m)NO_2C_6H_4COOH$	3.5×10^{-4}	3.46
	对硝基苯甲酸	$(p)NO_2C_6H_4COOH$	3.6×10^{-4}	3.44
	邻苯二甲酸	$(o)C_6H_4(COOH)_2$	$1.1\times10^{-3}(K_1)$	2.96
			$4.0\times10^{-6}(K_2)$	5.4

七、弱碱在水溶液中的解离常数(25℃)

名称		化学式	K_b	pK_b
无机碱	氢氧化铝	$Al(OH)_3$	$1.38\times10^{-9}(K_3)$	8.86
	氢氧化银	AgOH	1.10×10^{-4}	3.96
	氢氧化钙	$Ca(OH)_2$	3.72×10^{-3}	2.43
			3.98×10^{-2}	1.4
	氨　水	$NH_3\cdot H_2O$	1.78×10^{-5}	4.75
	肼(联氨)	$N_2H_4\cdot H_2O$	$9.55\times10^{-7}(K_1)$	6.02
			$1.26\times10^{-15}(K_2)$	14.9
	羟　氨	$NH_2OH\cdot H_2O$	9.12×10^{-9}	8.04
	氢氧化铅	$Pb(OH)_2$	$9.55\times10^{-4}(K_1)$	3.02
			$3.0\times10^{-8}(K_2)$	7.52
	氢氧化锌	$Zn(OH)_2$	9.55×10^{-4}	3.02
有机碱	甲胺	CH_3NH_2	4.17×10^{-4}	3.38
	尿素(脲)	$CO(NH_2)_2$	1.5×10^{-14}	13.82
	乙胺	$CH_3CH_2NH_2$	4.27×10^{-4}	3.37
	乙二胺	$H_2N(CH_2)_2NH_2$	$8.51\times10^{-5}(K_1)$	4.07
			$7.08\times10^{-8}(K_2)$	7.15
	二甲胺	$(CH_3)_2NH$	5.89×10^{-4}	3.23
	三甲胺	$(CH_3)_3N$	6.31×10^{-5}	4.2
	三乙胺	$(C_2H_5)_3N$	5.25×10^{-4}	3.28
	丙胺	$C_3H_7NH_2$	3.70×10^{-4}	3.432
	异丙胺	$i\text{-}C_3H_7NH_2$	4.37×10^{-4}	3.36
	三乙醇胺	$(HOCH_2CH_2)_3N$	5.75×10^{-7}	6.24
	苯胺	$C_6H_5NH_2$	3.98×10^{-10}	9.4
	苄胺	C_7H_9N	2.24×10^{-5}	4.65
	环己胺	$C_6H_{11}NH_2$	4.37×10^{-4}	3.36
	吡啶	C_5H_5N	1.48×10^{-9}	8.83
	六亚甲基四胺	$(CH_2)_6N_4$	1.35×10^{-9}	8.87
	二苯胺	$(C_6H_5)_2NH$	7.94×10^{-14}	13.1
	联苯胺	$H_2NC_6H_4C_6H_4NH_2$	$5.01\times10^{-10}(K_1)$	9.3
			$4.27\times10^{-11}(K_2)$	10.37

八、常用溶剂的紫外截止波长

溶剂	截止波长(nm)	溶剂	截止波长(nm)	溶剂	截止波长(nm)
水	200	环己烷	200	甲醇	205
乙醚	210	异丙醇	210	正丁醇	210
乙醇	215	对二氧六环	220	二氯甲烷	235
醋酸	230	氯仿	245	乙酸乙酯	260
苯	260	甲苯	285	丙酮	330

九、国际相对原子质量表(1997)

元素		相对原子质量	元素		相对原子质量	元素		相对原子质量	元素		相对原子质量
符号	名称		符号	名称		符号	名称		符号	名称	
Ac	锕	[227]	Er	铒	167.26	Mn	锰	54.93805	Ru	钌	101.07
Ag	银	107.8682	Es	锿	[254]	Mo	钼	95.94	S	硫	32.066
Al	铝	26.98154	Eu	铕	151.964	N	氮	14.00674	Sb	锑	121.760
Am	镅	[243]	F	氟	18.99840	Na	钠	22.98977	Sc	钪	44.95591
Ar	氩	39.948	Fe	铁	55.845	Nb	铌	92.90638	Se	硒	78.96
As	砷	74.92160	Fm	镄	[257]	Nd	钕	144.24	Si	硅	28.0855
At	砹	[210]	Fr	钫	[223]	Ne	氖	20.1797	Sm	钐	150.36
Au	金	196.96655	Ga	镓	69.723	Ni	镍	58.6934	Sn	锡	118.710
B	硼	10.811	Gd	钆	157.25	No	锘	[254]	Sr	锶	87.62
Ba	钡	137.327	Ge	锗	72.61	Np	镎	237.0482	Ta	钽	180.9479
Be	铍	9.01218	H	氢	1.00794	O	氧	15.9994	Tb	铽	158.92534
Bi	铋	208.98038	He	氦	4.00260	Os	锇	190.23	Tc	锝	98.9062
Bk	锫	[247]	Hf	铪	178.49	P	磷	30.97376	Te	碲	127.60
Br	溴	79.904	Hg	汞	200.59	Pa	镤	231.03588	Th	钍	232.0381
C	碳	12.0107	Ho	钬	164.9303	Pb	铅	207.2	Ti	钛	47.867
Ca	钙	40.078	I	碘	126.9045	Pd	钯	106.42	Tl	铊	204.3833
Cd	镉	112.411	In	铟	114.818	Pm	钷	[145]	Tm	铥	168.93421
Ce	铈	140.116	Ir	铱	192.217	Po	钋	[−210]	U	铀	238.0289
Cf	锎	[251]	K	钾	39.0983	Pr	镨	140.90765	V	钒	50.9415
Cl	氯	35.4527	Kr	氪	83.80	Pt	铂	195.078	W	钨	183.84
Cm	锔	[247]	La	镧	138.9055	Pu	钚	[244]	Xe	氙	131.29
Co	钴	58.93320	Li	锂	6.941	Ra	镭	226.0254	Y	钇	88.90585
Cr	铬	51.9961	Lr	铹	[257]	Rb	铷	85.4678	Yb	镱	173.04
Cs	铯	132.90545	Lu	镥	174.967	Re	铼	186.207	Zn	锌	65.39
Cu	铜	63.546	Md	钔	[256]	Rh	铑	102.90550	Zr	锆	91.224
Dy	镝	162.50	Mg	镁	24.3050	Rn	氡	[222]			

参考文献

[1] 中国轻工业标准汇编:化妆品卷.北京:中国标准出版社,2003.
[2] 化妆品卫生规范.中华人民共和国卫生部发布,2007.
[3] GB/T 2828.1—2003 计数抽样检验程序.
[4] QB/T 1858.1—2006 花露水.
[5] QB1994—2004 沐浴剂.
[6] CGF211.2—2008 润肤膏霜、润肤乳液、洗面奶(膏)、面膜.
[7] QB/T 1858—2004 香水古龙水.
[8] QB/T 1857—2004 润肤膏霜.
[9] QB/T 1645—2004 洗面奶(膏).
[10] QB/T 5173—1995 表面活性剂和洗涤剂阴离子活性物的测定直接两相滴定法.
[11] QB/T 13183—2008 表面活性剂、洗涤剂实验方法.
[12] QB/T 13171—2004 洗衣粉.
[13] QB/T 6372—2006 洗涤剂分样器.
[14] QB/T 13174—2003 衣料用洗涤剂去污力及抗污渍再沉积能力的测定.
[15] QB/T 6368—2008 表面活性剂、水溶液 pH 值的测定、电位法.
[16] GB 9985—2000 手洗餐具用洗涤剂　国家标准第 2 号修改单.
[17] CCGF 211.8—2008 餐具洗涤剂.
[18] CCGF 211.7—2008 洗衣粉(含洗衣膏).
[19] CCGF 211.5—2008 香水、古龙水、花露水、化妆水、面贴膜.
[20] CCGF 211.8—2008 产品质量监督抽查实施规范　餐具洗涤剂.
[21] QB/T 2623.4 肥皂中水分和挥发物含量的测定烘箱法.
[22] 徐科.化学检验工(高级).北京:化学工业出版社,2009.
[23] 黄艳杰.化工产品检验技术.北京:化学工业出版社,2009.
[24] 孙彩兰.化工检验技术.北京:化学工业出版社,2008.
[25] 化工工业职业技能鉴定指导中心组织编写.化工检验工(技师).北京:化学工业出版社,2009.
[26] 王建梅.化学检验基本知识.北京:化学工业出版社,2005.
[27] 季佳.木材胶粘剂生产技术.北京:化学工业出版社,2000.

[28] 谢亚杰,王伟,刘深.表面活性剂制备技术与分析测试.北京:化学工业出版社,2006.
[29] 王建梅.化学检验基础知识.北京:化学工业出版社,2005.
[30] 张振宇.化工产品检验技术.北京:化学工业出版社,2005.
[31] 杜克生,李光源.颜料染料涂料检验技术.北京:化学工业出版社,2005.
[32] 李立.日用化工分析.北京:化学轻工业出版社,1999.
[33] 赵惠恋.化妆品与合成洗涤剂检验技术.北京:化学工业出版社,2005.
[34] 刘德峥等主编.精细化工生产技术.北京:化学工业出版社,2011.
[35] 周小锋主编.日化产品质量控制分析检测.北京:化学工业出版社,2011.
[36] 李和平主编.木材胶粘剂.北京:化学工业出版社,2008.
[37] 中国标准出版社第二编辑室编.胶粘剂工业标准汇编.北京:中国标准出版社,2010.
[38] 赵临五,王春鹏编著.脲醛树脂胶粘剂.北京:化学工业出版社,2005.

图书在版编目(CIP)数据

典型精细化学品质量控制分析检测 / 林忠华主编.
—杭州:浙江大学出版社,2015.1
ISBN 978-7-308-14267-0

Ⅰ.①典… Ⅱ.①林… Ⅲ.①精细化工—化工产品—质量控制②精细化工—化工产品—质量分析③精细化工—化工产品—质量检验 Ⅳ.①TQ075

中国版本图书馆 CIP 数据核字(2014)第 303517 号

典型精细化学品质量控制分析检测

林忠华 主编

责任编辑 石国华
封面设计 刘依群
出版发行 浙江大学出版社
(杭州市天目山路 148 号 邮政编码 310007)
(网址:http://www.zjupress.com)
排 版 杭州星云光电图文制作有限公司
印 刷 富阳市育才印刷有限公司
开 本 710mm×1000mm 1/16
印 张 13
字 数 270 千
版 印 次 2015 年 1 月第 1 版 2015 年 1 月第 1 次印刷
书 号 ISBN 978-7-308-14267-0
定 价 28.00 元
